AF644830

KAMPFMITTEL UND MILITÄRAUSRÜSTUNG

DEUTSCHE MILITÄRFAHRRÄDER

BIS 1945

Barbara Maiwald

Motor
buch
Verlag

Einbandgestaltung: Frank Zähringer

Bildnachweis: Breme (3), Bundesarchiv (4), Fleischer (58), Habegger (3), Hauptstaatsarchiv Stuttgart (4), Hild (3), Hommel (2), Lovas (1), Maiwald (142), Militärhistorisches Museum (14), Oorlogsmuseum Overloon (16), Schießer (11), Selze (1), Szczerbicki (2), Wirtschaftsarchiv Stuttgart (1), Verhoeven (9)

Eine Haftung des Autors oder des Verlages und seiner Beauftragten für Personen-, Sach- und Vermögensschäden ist ausgeschlossen.

ISBN: 978-3-613-04276-6

Copyright © by Motorbuch Verlag, Postfach 103743, 70032 Stuttgart
Ein Unternehmen der Paul Pietsch Verlage GmbH & Co. KG

1. Auflage 2021

Sie finden uns im Internet unter www.motorbuch-verlag.de

Nachdruck, auch einzelner Teile, ist verboten. Das Urheberrecht und sämtliche weiteren Rechte sind dem Verlag vorbehalten. Übersetzung, Speicherung, Vervielfältigung und Verbreitung einschließlich Übernahme auf elektronische Datenträger wie DVD, CD-ROM usw. sowie Einspeicherung in elektronische Medien wie Internet usw. ist ohne vorherige schriftliche Genehmigung des Verlages unzulässig und strafbar.

Lektorat: Redaktion Motorbuchverlag
Innengestaltung: Jürgen Knopf, 74321 Bietigheim-Bissingen
Druck und Bindung: Graspo CZ, 76302 Zlin
Printed in Czech Republic

Inhalt

1. VORWORT

Das Fahrrad ist einfach. Es gibt in jedem Haushalt Geräte, die komplizierter sind. Ein Fahrrad ist eine durch Muskelkraft angetriebene Maschine, bestehend aus einem Rahmen aus gezogenen Rohren, zwei luftgummibereiften Rädern, einem Tretwerk und einem Lenker. Es dient dem Transport von Menschen und Lasten und war und ist relativ preiswert. Die Instandhaltung war lange keine große Herausforderung, und niemand benötigte eine Fahrerlaubnis – alles Argumente, die dem Fahrrad neben seiner Verwendung für gewerbliche Zwecke schnell einen vorderen Platz im Sport und bei der Freizeitgestaltung verschafften. Das blieb auch in Zeiten rasch voranschreitender Motorisierung so.
Heute ist das Fahrrad wieder auf dem Vormarsch. Die Gründe dafür sind unschlagbar; seine Anschaffung und Haltung sind billiger als die eines Autos, es entlastet sowohl den Verkehr in den Ballungsgebieten als auch die Umwelt und es fördert die Gesundheit seines Nutzers. Im Jahr 2018 verkaufte die deutsche Fahrradindustrie etwa 4,2 Millionen Exemplare mit und ohne elektrische Unterstützung. In den Niederlanden, wo es von Beginn an eine große Rolle spielte, wurde im August 2019 in Utrecht ein Parkhaus mit Stellplätzen für 12.500 Fahrräder eingeweiht. Die niederländische Fahrradkultur wurde für die Liste des nationalen immateriellen Erbes nominiert. Auch in anderen Ländern werden große Anstrengungen unternommen, um die Infrastruktur der zunehmenden Zahl von Fahrradbegeisterten anzupassen.

Die geringen Anschaffungs- und Unterhaltungskosten, die Schnelligkeit und die auch akustische Unauffälligkeit des neuen Verkehrsmittels waren Parameter, die von Anfang an das Interesse der Militärs geweckt haben – nicht ohne Widerspruch. Letztlich hat sich das Fahrrad aber als militärisches Transportmittel für Soldaten, Waffen und Ausrüstung durchgesetzt und fand bis zum Ende des Zweiten Weltkrieges – in Abhängigkeit von nationalen Gegebenheiten – Verwendung in fast allen Streitkräften. Auch nach 1945 wurde der Gedanke fahrradbeweglicher Einheiten weiterverfolgt. In der Schweiz gab es aktive Radfahrertruppen bis 2003. In der Bundesrepublik Deutschland überlegte man, Teile des Territorialheers mit Fahrrädern auszustatten. Versuche dazu fanden zwischen 1984 und 1988 an der Infanterieschule Hammelburg statt. Fahrräder rollen heute noch immer für das Militär, so im Rahmen internationaler Militärmissionen. In Afghanistan führten 2006 niederländische Soldaten sogenannte soziale Patrouillen auf Mountainbikes durch, auch Bundeswehr-Soldaten waren darauf unterwegs. Es ist kein Widerspruch, wenn man heute angesichts der Nutzung von Drohnen und anderen elektronischen Kampfmitteln den Gedanken an die militärische Nutzung von Fahrrädern wachhält. Sie sind immer noch klein, leicht, geräuschlos, schwer aufzuklären, weitgehend unabhängig vom Nachschub und einfach in Produktion, Bedienung und Wartung.

In der zeitgenössischen Fachliteratur und -presse sind zahlreiche Beiträge zur militärischen Nutzung des Fahrrades zu finden. Sie waren der Autorin eine wertvolle Hilfe bei der Aufarbeitung dieses Themas. In der ausländischen Nachkriegsliteratur beeindruckt vor allem die unter dem Titel »Das Ordonnanzrad in der Schweizer Armee« veröffentlichte dreibändige Edition von Carl Hildebrandt. Darüber hinaus hat man sich im englischen Sprachraum, in Tschechien und Polen wiederholt mit diesem Thema auseinandergesetzt.
Aus deutscher Sicht fällt die Ausbeute fachlich fundierter Arbeiten eher spärlich aus, sieht man von einigen Beiträgen in der Zeitschrift »Der Knochenschüttler. Zeitschrift für Liebhaber historischer Fahrräder« ab. Der Autor des Buches »Mit dem Fahrrad an die Front«, Hans-Werner-Salzmann, beschäftigt sich mit dem Fahrrad insbesondere aus der Sicht der Feldpost. Einzig Horst Hinrichsen widmete sich schon früh in der 1996 erschienenen Arbeit »Radfahrschwadronen. Fahrräder im Einsatz bei der Wehrmacht 1939-

1945« der Verwendung des Truppenfahrrades, vor allem im Rahmen der Radfahrschwadrone. Damit beleuchtet er aber nur einen kleinen Teil, nicht die gesamte Breite und Vielfalt der militärischen Nutzung des »Drahtesels«.

So blieb vieles über die Geschichte des militärischen Einsatzes von Fahrrädern im Dunkeln. Das interessante Thema stärker in das Licht der Öffentlichkeit zu rücken, war Anliegen von Autorin und Verlag – umso mehr, als sich der Kreis der Sammler von Militärfahrrädern in den letzten Jahren beständig vergrößert hat. Nachdenklich stimmt in diesem Zusammenhang eine Bemerkung eines langjährigen Sammlers: »Als ich mich Anfang der 1990er Jahre für alte Truppenräder zu interessieren begann, war ich fast allein. Heute wird alles zum Truppenrad gestempelt, auch wenn das Rad nur einmal vor einer Kaserne gestanden hat«. Sammler bewahren Bausteine der Technikgeschichte – Kulturgut. Sie investieren viel in »Räder, die Geschichte bewegten« und tragen damit Verantwortung. In diesem Sinne …

Dresden, Januar 2021
Barbara Maiwald

Der herzliche Dank der Autorin geht an alle, ohne die diese Publikation nicht möglich gewesen wäre: an Michael Breme, Jens und Wolfgang Buschan, Dr. Christian Hermann, Hendrik Hommel, Andreas Liebscher, Igor Pawlow, Jürgen Schießer, die Mitarbeiterinnen und Mitarbeiter des Militärhistorischen Museums der Bundeswehr (namentlich Oberstleutnant Peter Haug, Katja Hartmann und Anett Rauer) in Dresden, des Bundesarchives in Freiburg, des Hauptstaatsarchives und des Wirtschaftsarchives in Stuttgart, sowie an Alfred Amicalement, Bernard Burger, Christian Dupont, Jean-Francois Hild (alle Frankreich), Henri Habegger (Schweiz), Igor Ballo (Slowakei), Laszlo Schmidt, (Ungarn) und Peter Verhoeven (Niederlande).

2. Das Fahrrad in den ausländischen Armeen

Zur Bewertung und Einordnung der Verwendung des Fahrrades als militärisches Transportmittel in den deutschen Streitkräften soll zunächst ein Blick auf die internationale Entwicklung geworfen werden.

Grundsätzlich blieb die Nutzung technischer Neuerungen durch das Militär, so auch des Fahrrades, nicht auf ein Land beschränkt. In den führenden Industrienationen waren Ende des 19. Jahrhunderts nahezu gleiche technische Voraussetzungen vorhanden. Nach der Einführung des Niederrades und der Erfindung der Gummireifen begannen ab etwa 1885 in den meisten europäischen Armeen Versuche mit Fahrrädern. Frankreich und Großbritannien übernahmen hier Vorreiterrollen. Die jahrelangen Tests zeigten eines mit aller Deutlichkeit: Fahrräder waren für die militärische Verwendung brauchbar und eine Alternative zum Einsatz von Tieren – eine Erfahrung, die die weitere Entwicklung nachhaltig beeinflussen sollte. Fahrräder waren, vor der Motorisierung, Bestandteil der beginnenden Mechanisierung in den Streitkräften.
Die allgemeinen Anforderungen der militärischen Bedarfsträger lassen sich wie folgt zusammenfassen:

- Fahrräder sollten nicht zu schwer, aber dennoch stabil sein.
- Ihre massenhafte Beschaffung bei relativ geringen Kosten musste gewährleistet sein.
- Sie mussten Halterungen für Ausrüstung, Bewaffnung und Munition besitzen.
- Unverzichtbar waren die Möglichkeiten der schnellen Reparatur und der Beschaffung von Ersatzteilen im Felde, was wiederum die Einführung bestimmter Standards voraussetzte.

Schnell kam der Gedanke auf, die hohe Marschgeschwindigkeit mit starker Feuerkraft zu verbinden, um Radfahrer auch im Kampf einsetzen zu können. Bis zur Aufstellung von regulären fahrradbeweglichen Verbänden sollte aber noch einige Zeit vergehen.
In den 1890er Jahren begann die Entwicklung von Falt- bzw. Klapprädern. Die Idee, dass der Soldat sein Fortbewegungsmittel immer bei sich tragen konnte, veranlasste die Militärbehörden verschiedener Länder Versuche mit diesen Rädern durchzuführen und Radfahrer-Einheiten damit auszustatten. Letztlich bewährte sich diese Form jedoch nicht, da das Rad auf dem Rücken die Soldaten in der Bewegung und beim Schießen behinderte. Mit montierter Munition und Ausrüstung war das Rad ohnehin nicht mehr klappbar. Allerdings sollte das Klapprad im Zweiten Weltkrieg bei Spezialtruppen, wie den Fallschirmjäger-Einheiten, eine Renaissance erleben.

Die Entwicklung in einzelnen Ländern im Überblick.

Belgien

Hier stellte Leutnant Decamp 1894 das erste Klapprad vor. 1896 entstand die erste Radfahr-Kompanie. In den folgenden Jahren bis zum Beginn des Ersten

AUFGABEN VON RADFAHRERN — ***um 1900***

Zunächst vor allem für den Meldedienst eingesetzt, nutzte man das Fahrrad zur Verbindungsaufnahme, im Sanitäts- und im Etappendienst, beim Verlegen von Fernsprechleitungen und im Grenzschutz. In den großflächigen Festungsanlagen erfüllten Radfahrer Aufgaben in der Aufklärung im Vorfeld und zwischen den einzelnen Werken.

Diese Darstellung aus der britischen Wochenzeitung »The illustred war news« vom Februar 1917 zeigt die Entwicklung des Fahrrades in den ersten 100 Jahren.

Weltkrieges wurden die fahrradbeweglichen Einheiten zielstrebig ausgebaut. Sie gehörten zu den sechs Infanterie- und den zwei Kavalleriedivisionen. Letztere verfügten über je ein Radfahrbataillon mit zwei Kompanien, die mit dem Klapprad Belgica ausgerüstet waren. Eine Regimentsradfahrerschule unterrichtete in Kartenlesen, Aufklärung, Berichterstattung, Überbringen von Meldungen sowie Wartung und Reparatur der Fahrräder. Ihre Ausstattung erfolgte zunächst mit englischen Fahrrädern, ab 1926 mit dem belgischen Modell Tm1 (Typ militaire 1).

Eine besondere Rolle spielten fahrradbewegliche Einheiten bei der Überwachung des Vorfeldes belgischer Festungsanlagen; sie waren sozusagen die »Augen« ihrer tief unter der Erde auf den Feind wartenden Besatzungen.

Bis zum Ausbruch des Zweiten Weltkrieges wurde die Radfahrtruppe weiter verstärkt. Neben Einheiten in den Divisionsverbänden gab es drei selbständige Radfahr-Bataillone im Rahmen des Grenzschutzes. Die Kavallerie unterhielt zwei Radfahr-Regimenter (mit jeweils zwei Radfahrer-Kompanien und einer Radfahrer-MG-Kompanie), außerdem hatte jedes Armeekorps ein Leichtes Regiment mit einer Reiter- und einer Radfahr-Abteilung. Daneben standen Radfahrformationen in den Kolonien. 1943 kämpften belgische fahrradbewegliche Kolonialtruppen aus dem Kongo in Ägypten.

Hauptsächlich fuhren belgische Soldaten im Zweiten Weltkrieg Fahrräder vom Typ A.B. 39 (Armée Belge 39). Daneben nutzten sie Gendarmerie-Fahrräder sowie zivile beschlagnahmte Räder, die mit Zubehör für den Kriegseinsatz umgerüstet wurden.

Dänemark

Auch in Dänemark widmete man dem Fahrrad als militärisches Transportmittel Aufmerksamkeit und nahm 1937 die Bildung eines Radfahrregimentes mit ca. 1800 Soldaten in Odense in Angriff. Die Aufstel-

Einsatz einer belgischen Radfahr-Patrouille bei den Kämpfen um Antwerpen. Aufnahme vom September 1914.

lung wurde aber nie abgeschlossen. Vor dem Ausbruch des Zweiten Weltkrieges war nur das 4. Bataillon mit einer Gesamtstärke von 788 Mann formiert. Es bestand aus dem Stab mit Nachrichten- und Fliegerabwehrzug sowie Sanitätspersonal (118 Mann), drei Radfahr-Kompanien (je 186 Mann) und einer Motorrad-Kompanie (112 Mann mit 750 cm^3- und 1200 cm^3-Maschinen vom Typ Harley Davidson).

Finnland

In den dortigen Weiten erlangte die fahrradbewegliche leichte Infanterie Bedeutung, die im Sommer auf Fahrrädern, in den schneereichen Wintern auf Skiern unterwegs war. Auch im Krieg gegen die Sowjetunion (dem »Winterkrieg« von November 1939 bis März 1940) war sie im Einsatz, ausgerüstet zum großen Teil mit schwedischen Fahrrädern. Im Zweiten Weltkrieg verfügte das Finnische Heer über Jäger-Bataillone auf Fahrrädern. Alle Wehrpflichtigen werden auch heute noch in der Nutzung von Fahrrädern und Skiern ausgebildet.

Frankreich

nutzte Fahrräder (damals noch Hochräder) mangels Pferden bereits im Deutsch-Französischen Krieg 1870/71 bei der Belagerung der Festung Belfort zur Übermittlung von Meldungen und Befehlen. 1886 begannen bei Manövern erste Versuche mit dem Einsatz von Radfahrern als Ordonnanzen. Zwei Jahre später wies das Kriegsministerium jedem Infanterieregiment zu Manöverzwecken vier Radfahrer aus der Reserve oder der Territorialarmee zu. Diese hatten ihre eigenen Räder (vermutlich noch Hochräder) zu benutzen. Ein erstes provisorisches Reglement wurde 1892 aufgestellt. Danach gab es zwei Klassen von Radfahrern: Regiments-Radfahrer (je Regiment sieben bis zehn Mann) und Generalstabs-Radfahrer (je Armeekorps 75 Mann). In Friedenszeiten waren das ca. 3000, im Kriegsfall 5000 Mann, die zum großen Teil mit ihren eigenen (nunmehr Nieder-) Rädern ausgestattet waren. Eine Anzahl von Rädern aus den Artilleriewerkstätten von Puteaux diente der weiteren Ausbildung von Mannschaften, die bereits vor ihrem Diensteintritt radfahren konnten sowie der Ausbildung von Offizieren als Radfahrer. 1894 entwickelte Captain Henri Gérard ein 13 kg schweres und 1,50 m

langes Rad, dessen Sattel sich genau über dem Hinterrad befand. Das ermöglichte zwar das Schießen im Sitzen, das Vorderrad neigte allerdings auf Grund des zu weit hinten liegenden Schwerpunktes dazu, abzuheben. Es wurde 1895 im Manöver erprobt und später verbessert. 1899 kaufte ein Konsortium aus den Firmen Peugeot und Michelin sowie der französischen Armee das Patent. Peugeot, der erste industrielle Fahrradhersteller in Frankreich, begann im gleichen Jahr mit der Produktion der Falträder »System Gérard« für das Militär, aber auch für den zivilen Markt.

1902 erschien die erste Dienstvorschrift für Militärradfahrer. 1903 erfolgte die Umwandlung der sechsten Kompanien von fünf Jägerbataillonen in Radfahr-Kompanien mit jeweils vier Offizieren und 175 Mann. Der Kompaniechef war mit einem Pferd ausgerüstet, alle anderen mit einem Gérard-Klapprad, das mit Ausrüstung 18 kg wog. Jede Kompanie verfügte über zwei Fuhrwerke zum Transport von Ersatzteilen, Ausrüstung und

Bild oben: Einheit der französischen Armee mit geschulterten Klapprädern System Gérard bei einer Schießvorführung. Postkarte aus der Zeit vor dem Ersten Weltkrieg.

Bild MItte: Französische Radfahr-Kompanie auf dem Marsch in Richtung Ypern (Belgien). Postkarte nach einer Aufnahme vom Herbst 1914.

Bild links: Französisches Klapprad System Gérard, ab 1895 gebaut von Peugeot in Beaulieu. Obwohl es für das Militär entwickelt worden war, vermarktete Peugeot das Rad auch auf dem zivilen Markt.

Die italienischen Konstrukteure Giuseppe Rossi und Beniamino Melli entwickelten ein Klapprad für das Militär. Die Konstruktion war offensichtlich so gelungen, dass das k.u.k. Reichskriegsministerium die Übernahme und den Nachbau des italienischen »Rossi-Melli« veranlasste. Für das österreichische Heer wurde das Rad bis 1916 als »Modell 10« produziert.

Italienische Radfahrer-Einheit an der Ostfront, 1941/42. Üblicherweise wurde jedem Armeekorps ein Bersaglieri-Regiment (zu je zwei Bataillonen) zugeteilt. Bersaglieris (ital. Ziel, Zielscheibe) waren italienische Eliteinfanterie, v.a. auf Fahrrädern und damit besonders schnell und beweglich.

Fahrradbewegliche Einheit der italienischen Staatspolizei »Pubblica Sicurezza« während einer Parade, 1942.

Bis 1920 wurden alle Bersaglieri-Einheiten demobilisiert, jedoch schon vier Jahre später folgte im Rahmen der Reorganisation des Heeres die Neuaufstellung von zwölf Radfahr-Regimentern zu je drei Bataillonen, jetzt ausgerüstet mit den modifizierten Fahrrädern Bianchi Modell 23, später Modell 25 (mit dem auch das leichte Maschinengewehr Modell Breda 1930 transportiert werden konnte) sowie Modell 14/24. Nach der italienischen Kriegsordnung von 1930 verfügte jedes Bersaglieri-Bataillon im Stab, in der MG-Kompanie sowie in den drei Kompanien über insgesamt 853 Fahrräder (davon 22 für Melder, Versorger, Sanitäter u.a.).

Neben der Weiterentwicklung durch die Armee-Werkstatt in Bologna (Modell 34) gab es weitere zerlegbare Modelle für Fallschirmtruppen sowie handelsübliche, nicht klappbare Räder. Die zunehmende Motorisierung brachte die schrittweise Reduzierung der Radfahr-Einheiten mit sich. Dennoch fanden sie bis in den Zweiten Weltkrieg Verwendung, vor allem auf dem Balkan und an der sowjetischen Front. 1939 gab es in jeder der drei schnellen Divisionen ein Bersaglieri-Radfahr-Regiment. Im September 1941 wurden 8000 Fahrräder zur Ausstattung von je zwei Bataillonen jeder Infanteriedivision angekauft.
Später wurde bei der Division Perugia ein erstes Radfahrer-Bataillon aufgestellt, das man aber bald wieder auflöste. 1942 erhielten die Fallschirmjäger neue zerlegbare Fahrräder Modell 39.

Japan

Rund 50.000 Soldaten brachte Japan zu Beginn des zweiten Japanisch-Chinesischen Krieges 1937 auf Fahrrädern in den Einsatz. Beim Überfall auf die Malaiische Halbinsel im Dezember 1941 sollen 18.000 Infanteristen mit Fahrrädern beteiligt gewesen sein. Wie auch in den übrigen südostasiatischen Ländern wurden im Zweiten Weltkrieg Fahrräder im Dschungelkampf eingesetzt und waren hier für den Transport von Bewaffnung und Ausrüstung wichtig.

Inspektion einer japanischen Radfahr-Brigade vor dem Manöver. Aufnahme aus dem Jahr 1938.

Jugoslawien

Wenig Informationen liegen über die militärische Verwendung von Fahrrädern bei den Streitkräften des Balkanstaates vor: 1939 verfügten die beiden Kavallerie-Divisionen über je ein Radfahr-Bataillon mit drei Kompanien.

Niederlande

In den Niederlanden wurden zunächst meist ausländische Fabrikate verkauft, vor allem englische, deutsche und amerikanische. Die 1869 gegründete Firma von Henricus Burgers (Deventer) war der erste nationale Fahrradproduzent, der aber ab 1880 zahlreiche Konkurrenten bekam.
Simon Lehmkuhl (Den Haag) konstruierte 1897 das erste ausdrücklich als Militärrad vorgesehene niederländische Faltrad, das allerdings von den Streitkräften nicht genutzt wurde. Das sowohl für private Kunden als auch für das Militär vorgesehene Faltrad von Leutnant T.L. van Wagtendonk war ein handelsübliches Herrenrad mit Scharnieren in der Rahmenmitte und einem Trageriemen. 1909 baute Fongers (Groningen) das erste Klapprad mit kleineren Rädern, das mehr Platz für den Transport von Munition bieten sollte. Auch in diesem Fall kam eine Übernahme durch die Armee nicht zustande.
Nachdem sich bereits 1888 erstmals 16 Radfahrer des Allgemeinen Niederländischen Fahrradbundes an einem Manöver beteiligt hatten, entstand bis 1897 in jedem Infanterieregiment ein Militär-Radfahrer-Korps (mit maximal 75 Mann). Ab 1899 gab es in den Radfahrer-Einheiten keine Zivilisten mehr, ihr Einsatz war mit Problemen verbunden (Waffe, Status

im Krieg). Für die Etablierung militärischer Radfahreinheiten wie auch für deren Ausbildung engagierten sich besonders J. C. Sommer vom 7. Infanterieregiment (Amsterdam) und Jan Kooiman, unter dessen Leitung 1901 bis 1905 Militär-Radfahrer des 5. Infanterieregiment (Amersfort) ausgebildet und dabei auch Versuche mit Krankentragen zwischen zwei Rädern und mit Brieftauben durchgeführt wurden.

Das 1922 aufgestellt Wielrijders-Bataillon wurde 1924 in ein Regiment umgewandelt, später kamen mehrere Schwadrone »Husaren-Wielrijders« bei der Kavallerie hinzu. Bei der Mobilmachung erfolgte die Aufstellung eines zweiten Radfahrer-Regimentes. Beide Regimenter wurden erst nach dem Ende des Zweiten Weltkrieges 1946 offiziell aufgelöst.

Norwegen

stellte vor dem Ersten Weltkrieg in fünf der sechs Brigaden Radfahrer-Kompanien auf, die im Winter als Skifahrer-Kompanien Verwendung fanden. Bei der im hohen Norden stationierten 6. Brigade war diese Kompanie wegen der Witterungs- und Wegeverhältnisse nur mit Skiern ausgestattet. Im Frieden waren die Kompanien mit je 34 Mann jeweils einem Infanterieregiment der Brigaden zugeteilt. Die Rekruten absolvierten deren Grundausbildung mit, ehe sie die Spezialausbildung auf den Rädern erhielten. In Wiederholungskursen im Winter fand die Skiausbildung statt. Das Fahrrad wog etwa 14 kg und hatte auf einem hinteren Gepäckträger Platz für den Rucksack. Als Waffe wurde der 6,5-mm-Karabiner genutzt, ansonsten entsprachen Ausrüstung und Bekleidung denen der Infanterie. Ab 1912 begannen Versuche mit dem leichten Maschinengewehr P-28, Kaliber 6,5 mm (System Madson), das auch zur Ausrüstung der dänischen Armee gehörte. Im Kriegsfall sollten die Kompanien auf 130 Mann (sog. Streitbare) und 10 weitere Wehrpflichtige (sog. Nicht Streitbare – Sanitäter, Schneider, Schuster, Trainkutscher, Köche) aufgestockt werden. Ein »Reglement für die Radfahrer-Abteilungen« regelte die taktische Verwendung in Aufklärung, Vorpostendienst, kleinem Krieg (Operationen im rückwärtigen Gebiet des Feindes) und Gefecht. Zu Beginn des Zweiten Weltkrieges gab es in der 3. und 4. Infanteriedivision jeweils ein Regiment mit einer Radfahr-Kompanie.

Österreich

In Österreich war Fahrradfahren seit 1881 obligatorischer Bestandteil des Ausbildungsplanes beim k.u.k. Militär-Fecht- und Turnlehrer-Kurs an der Theresianischen Militärakademie (Wiener Neustadt). 1887 erhielten die Festungen Krakau und Przemysl Fahrräder nebst Lehrern zugewiesen. Beim Herbstmanöver 1890 kamen bei der 11. Infanteriebrigade erstmals drei Ordonnanzen auf Rad zum Einsatz.

In den Anfangsjahren wurden die Fahrräder verschiedener Hersteller getestet, letztendlich setzten sich die Modelle der Firmen Österreichische Waffenfabrik-Gesellschaft (ÖWG) (Steyr) und Styria-Fahrradwerke Johann Puch & Comp. (Graz) durch. Die ÖWG stellte ab 1894 englische Lizenzräder unter dem Namen SWIFT und ab 1896 das sogenannte »Waffen-

Klapprad der österreichischen Firma PUCH geschultert (links), fertig zur Fahrt (Mitte) und in Gefechtsposition (rechts). Darstellung aus dem Jahr 1898.

In Graz fanden ab 1895 besondere Lehrgänge für Militärradfahrer statt. Die hier gezeigte Übung eines Angriffes mit der blanken Waffe – eine Attacke – ist eine kavallerietypische Kampfweise. Sie vom Fahrradsattel aus zu absolvieren, zeigt die zu diesem Zeitpunkt noch vorherrschende Unsicherheit bei der Bewertung der taktischen Einsatzmöglichkeiten von Radfahrern.

rad« her. Die Firma Puch begann im gleichen Jahr mit der Produktion eines 12,5 kg schweren Faltrades nach dem Patent von Oberleutnant Czeipek, das in 30 Sekunden zusammengeklappt und bei Bedarf mit einem zweiten Sitz hinter dem Sattel versehen werden konnte. Es wurde bei einem Manöver von einem Teil der zusammengestellten Radfahrer-Abteilung beim 3. Korps genutzt.

Ab 1895 fanden in Graz Radfahrkurse statt, 1898 etablierte man beim Steirischen Infanterieregiment Nr. 27 (Graz) erstmals eine Versuchs-Radfahr-Abteilung. 1906 erhielten ÖWG und Puch vom k.u.k. österreichisch-ungarischen Reichskriegsministerium den Auftrag zum Nachbau des italienischen Faltrades Modell Rossi-Melli. Nach ausführlichen Tests entschied man sich für die Umrüstung des Heeres auf das STEYR- Waffenrad M 10 (ab 1916 das modifizierte M 16).

K.u.k. Maschinengewehr-Abteilung in Galizien, 1915. Bemerkenswert: der Transport des zerlegten und mit Halterungen am Fahrrad befestigten 40 kg schweren Maschinengewehrs 07 (System Schwarzlose).

Nach der 1908 in Angriff genommenen Aufstellung von drei Radfahr-Kompanien wurden zwei Jahre später auch die vierten Kompanien von vier Feldjäger-Bataillonen in Radfahrerkompanien (drei Radzüge, ein MG-Zug mit zwei MG, zwei Motorräder, zwei Sanitätsräder, zwei LKW) umgewandelt. Dazu gab es 1914 zwei Honvéd-Radfahr-Kompanien der königlichen ungarischen Landwehr. 1915 wurden diese Einheiten zum Radfahrer-Jägerbataillon Nr. 1 zusammengefasst, das in Italien zum Einsatz kam. 1919 folgte die Aufstellung der Radfahr-Bataillone in den gemischten Brigaden. Sie bestanden aus je drei Radfahr-Kompanien (mit jeweils drei Radfahr-Zügen und einem Radfahr-MG-Zug) sowie einer Radfahr-MG-Kompanie (mit zwei MG-Zügen und einem Pionier-Zug).

Ab 1933 unterhielt das österreichische Friedensheer aus Kosten- und Personalgründen nur je einen aktiven Zug mit 42 Radfahrern, im Mobilmachungsfall waren elf Radfahr-Kompanien mit jeweils neun Maschinenpistolen, sechs leichten und zwei schweren Maschinengewehren vorgesehen.

Mit der Fusion der Firmen Steyr und Puch im Jahr 1934 avancierte die Steyr-Daimler-Puch-AG zu einem der größten europäischen Fahrradhersteller. Nach dem Anschluss Österreichs an das Deutsche Reich im März 1938 war die Steiermark mit den Firmen Steyr-Daimler-Puch (Graz), Junior (Graz) und Assmann (Leibnitz) der bedeutendste Lieferant von Truppenfahrrädern für die deutschen Streitkräfte; allein Puch lieferte bis 1945 rund 140.000 Stück.

Polen

Die Armee besaß nach dem Ersten Weltkrieg keine Radfahrer-Kompanien in ihrem Friedensheer, sie wurden nur für Übungen und Manöver zusammengestellt.

In der ersten Hälfte der 1930er Jahre beschäftigte man sich mit der Etablierung von regulären Radfahreinheiten. 1935 erfolgte die Einführung des in der Waffenfabrik »Łucznik« in Radom produzierten »Rower Łucznik typ XX wojskowy Model 35« in die Armee.

Zunächst wurden ab 1937 in den Kavallerieregimentern ständige Radfahrerzüge zu je 50 Mann gebildet. Daneben entstanden Radfahrschwadrone (ausgestattet mit je 190-200 Fahrrädern, 15-18 Pferden, einem

Polnische Radfahr-Patrouille mit Fahrrädern Łucznik Typ XX Woiskowy beim Herbstmanöver in der Nähe von Rzeszów, 1938.

Vom Militär genutztes ziviles Fahrrad der polnischen Fahrradfirma »Łucznik« mit einem 46-mm-Granatwerfer »Granatnik wz. 36« und dazugehöriger Munition. Der 8 kg schwere Granatwerfer erreichte Schussweiten von 100 bis 800 m. Gut zu erkennen sind die Halterungen für den Granatwerfer und für den Munitionsbehälter, der sechs 0,76 kg schwere Wurfgranaten aufnahm.

Motorrad sowie Munitions- und Gepäckwagen), welche den beiden Kavallerie-Brigaden (Wielkopolska und Pomorska Brygada Kawalerii) angegliedert waren sowie Radfahrerzüge in den drei Bataillonen von Infanterieregimentern. Auch die Warschauer Panzer-Motor-Brigade verfügte seit Juni 1939 über eine Radfahrerschwadron (1 Offizier, 48 Schützen, 44 Fahrräder, 1 Motorrad mit Seitenwagen, 4 Lastkraftwagen). Die Planungen für den Mobilmachungsfall sahen die Schaffung von Radfahrerkompanien (4 Offiziere, 215 Soldaten, vierspännige Feldküche, 196 Fahrräder, 7 LKW, 1 Motorrad mit Seitenwagen, 197 Gewehre oder Karabiner, 9 Maschinengewehre) in den Infanteriedivisionen vor. Fahrräder verwendete man auch für Patrouillen-, Melde- und Verbindungsdienste in Grenzschutzkorps, in den Bataillonen der Nationalen Verteidigung sowie bei der Staatspolizei. Nach der polnischen Kapitulation 1939 übernahm die österreichische Firma Steyr die Waffenfabrik »Łucznik«, die dort gebauten Fahrräder gingen dann auch an die deutschen Streitkräfte.

Russland

Im Zarenreich begann das Militär um die Jahrhundertwende Versuche mit Fahrrädern durchzuführen. Seit 1891 waren jedem Infanterieregiment acht, jedem Kavallerieregiment vier Radfahrer zugeteilt. Die notwendigen Fahrräder lieferten die Fahrradfabriken »Rossija« in Riga (gegründet 1886 von Alexander Leutner) und »Duks« in Moskau (gegründet 1895 von Julius Meller).

Einen großen Vorteil sah man in der Nutzung des Rades für den Sanitätsdienst. Die größere Ausdehnung der Schlachtfelder in den Kriegen der Neuzeit hatte zur Folge, dass die Sanitäter weitere Wege zur Versorgung der Verwundeten zurücklegen mussten. »Duks« entwickelte 1900 das zusammenlegbare Sanitäts-Fahrrad »System Meller«, bei dem der Lenker als Achse für die Trage diente.

Vor und während des russisch-japanischen Krieges von 1905 benutzte die russische Gendarmerie Fahrräder für Patrouillen entlang der Sibirischen Eisenbahn. Ein 1916 von »Duks« entwickeltes und später auch von »Rossija« gebautes Faltrad diente zur Ausstattung von Einheiten der Armee wie auch der Polizei in mehreren russischen Städten.

Abbild. 1. Fahrrad mit angeschnallter Tragbahre und aufgesessenem Sanitätsunteroffizier.

Abbild. 2. Fahrrad, auseinandergenommen, Lenkstange als Achse eingesetzt, Tragbahre aufgestellt.

Abbild. 3. Fahrradtragbahre, fertig zum Gebrauch.

Im russischen Heer schätzte man bereits um die Jahrhundertwende den Wert des Fahrrades im Sanitätsdienst. Die Moskauer Firma »DUKS« fertigte ein zusammenlegbares Fahrrad System Meller, das zur Krankentrage umgebaut werden konnte.

Nach dem Ende des Ersten Weltkrieges geriet das Militärfahrrad in Russland nicht in Vergessenheit, spielte aber in der Roten Armee eine untergeordnete Rolle. Die Ursachen liegen in der Geografie des Landes, in der Konzentration auf die Motorisierung der Streitkräfte, im Mangel an mittelständischen Unternehmen und den daher fehlenden Produktionskapazitäten. 1939 sah die Sollausstattung einer Schützendivision je eine Radfahr-Kompanie, jeder Aufklärungskompanie der Infanterieregimenter je einen Radfahrzug vor. Im Verlaufe des Krieges traten sie kaum in Erscheinung.

Abmarschierende Radfahrer-Unteroffiziere der Schweizer Armee, um 1910. Erwähnenswert ist das Procedere des Aufsteigens. Vor dem Losfahren steht der Fahrer breitbeinig über dem Rad und steigt von hinten auf.

Schweden

In Schweden begannen erste Versuche der militärischen Nutzung mit Privaträdern. Das Gotländische Infanterieregiment 127 (Visby) ersetzte 1901 seine Kavallerie komplett durch Fahrradtruppen. Bis 1942 gab es sechs Fahrradinfanterieregimenter, die größtenteils mit den Rädern m/30 (Gewicht ca. 23,5 kg) und m/42 (Gewicht bis 26 kg) ausgestattet waren. Das bekannteste schwedische Militärrad m/42 wurde ab 1940 bei verschiedenen Firmen gebaut, so bei Rex (Halmstad), Husqvarna (Husqvama), Monark (Varberg) und Nymans (Uppsala). Zum Transport der Ausrüstung gab es für das Modell m/42 und seine Nachfolgemodelle den klappbaren Fahrradanhänger A/B, der etwa 27 kg wog.

Tandems wurden vereinzelt von Funkern und von Sanitätern genutzt. Dabei konnte die Trage für einen Verletzten zwischen dem Sattel des vorderen und dem Lenker des folgenden Rades befestigt werden. Bis 1952 wurden die Fahrradinfanterieregimenter aufgelöst und spezielle Fahrrad-Transportgruppen geschaffen, die aber nicht mehr für den Kampfeinsatz vorgesehen waren.

Der Landschaft geschuldet – für Schweizer Radfahrer gab es keine Grenzen. Im Bild ein Radfahrer, der mit seiner gesamten Ausrüstung am Drahtseil über eine Schlucht gezogen wird.

Schweiz

In der Schweiz gilt der Chef des Eidgenössischen Generalstabsbüros, Oberstdivisionär Alphons Pfyffer als eigentlicher Gründer der Radfahrttruppen. 1887 begannen erste Versuche mit militärischen Melde-Radfahrern. Die mit ihren eigenen Hochrädern und ziviler Kleidung agierenden Männer wurden als kriegsbrauchbar eingestuft. Der Generalstab beschäftigte sich daher, unter Auswertung der Erfahrungen

LMG-Schützen mit Ordonnanzfahrrädern der Marke Cosmos und leichten Maschinengewehren Modell 1925 (Gewicht ungeladen 8,65 kg) am Defilee in Frauenfelde. Die Räder lassen das durchfahrene Gelände erahnen.

anderer Länder, mit der Beschaffung von Fahrrädern. 1891 erfolgte die Aufstellung von drei Radfahr-Abteilungen, deren Angehörige allerdings immer noch ihr eigenes Rad mitbringen mussten. Die unterschiedlichen Typen brachten jedoch Probleme mit Ersatzteilen sowie bei der Anbringung von Halterungen für die Ausrüstung mit sich, was 1904 zur Einführung des »Ordonanzrad 05« führte. Die Firmen Schwalbe (Riedikon-Uster), Condor (Courfaivre), Cosmos (Madretsch-Biel), Sauer (Arbon) und ab Mitte der 1930er Jahre Zesar (Niedau-Biel) produzierten das ca. 23 kg schwere Rad, das in den folgenden 100 Jahren nur wenige Veränderungen erfuhr. Auch nach der Aussonderung gibt es bis heute dankbare Nutzer in vielen Ländern.

1911 standen acht Radfahrer-Kompanien im Dienst der Schweizer Armee: sechs für die Divisionen, eine für die Stäbe der Armee und Armeekorps sowie eine für Heereskavallerie. Ihre Aufgaben lagen aber nur im Meldedienst, der Einsatz im Gefecht war nicht vorgesehen.

Bei der Generalmobilmachung 1914 verfügte jede der sechs Divisionen über zwei Radfahr-Kompanien, die im Unterschied zu anderen Ländern bei der Infanterie angegliedert waren, bei der Kavallerie kamen zwei Radfahrkompanien in den Aufklärungsdetachements als Radfahrerpatrouillen zum Einsatz.

1924 entstanden durch die Auflösung der vierten Kompanien der Infanteriebataillone zehn weitere Radfahrer-Kompanien, diesmal auch vorgesehen für den Kampf. Diese nunmehr 18 Kompanien wurden 1929 in drei Radfahrer-Abteilungen zu je vier Kompanien zusammengefasst. Dazu traten weitere sechs Kompanien für Auszug und Landwehr.

Das Schweizer Militär sah in der Verwendung von Radfahrern einen Weg, bei dem im Lande herrschenden Pferde- und Futtermangel berittene Truppen teilweise ersetzen zu können. Ein weiterer Aspekt lag im Verhältnis der Kosten für Beschaffung und Erhaltung sowie der Ausbildung der Soldaten zwischen Fahrrad und Pferd – es lag bei 1:12.

Die Radfahrertruppe wurde 1935 der Kavallerie unterstellt (vorher der Infanterie zugeordnet). Mit der Umsetzung der neuen Truppenordnung vom 7.10.1936 wurden auch in der Schweiz Leichte Truppen geschaffen, jede der neun Divisionen erhielt eine Aufklärungsabteilung mit Radfahrern (Kampf-Kompanien mit je 163 Mann, ausgestattet mit je zwölf leichten Maschinengewehren, davon drei mit Lafette), Kavallerie und einem Panzerwagen-Detachement. Daneben gab es weitere Verbindungs- und Straßenpolizei-Kompanien (je 150 Mann). Zu jeder Kompanie gehörte eine motorisierte Trainstaffel mit Munitions- und Werkstattwagen, Gepäck- und Küchenwagen. Ab 1943 eingeführte Fahrradanhänger erleichterten den Transport von Ausrüstungen der Einheiten des Gas-, Telefon- und Brieftaubendienstes. Bemerkenswert: die Schweizer Armee löste ihre neun aktiven Radfahr-Bataillone erst im Jahr 2003 auf. Es war die letzte international noch existierende Radfahrtruppe.

Spanien

Wohl wurden dort ab 1897 Melder zu Rad eingesetzt, doch 1936 gab es nur ein einziges Radfahrer-Bataillon, das in Alcalá stationiert war. Die 892 Mann starke Einheit war jedoch nur für die Ausbildung anderer Militärradfahrer zuständig, sie bildete keine taktische Einheit für den Kriegsfall. Zu Beginn des Zweiten Weltkrieges hatte jede Kavalleriedivision eine Maschinengewehr-Radfahr- und zwei Radfahr-Kompanien in ihren Reihen. 1940 gab es drei Radfahr-Bataillone in Barcelona, Jaén und San Lorenzo de El Estorial.

Tschechoslowakische Radfahrer waren 1938 in Bataillonsstärke zusammengefasst.

Ungarn

Als Teil der Österreich-Ungarischen Monarchie gab es hier keine eigene Fahrradproduktion. Die Honvéd-Radfahr-Kompanien waren mit dem Steyr Waffenrad und dem Steyr Klapprad ausgerüstet. Auch nach dem Ersten Weltkrieg verwendete die Ungarische Königliche Armee ca. 2000 Steyr-Fahrräder unter der Bezeichnung Militärfahrrad 1921M zur Ausstattung von Teilen der sieben aktiven Radfahr-Bataillone. Von 1932 bis 1944 produzierten die Manfréd Weiss Stahl- und Metallwerke AG (Csepel) als einziger Zulieferer für das Militär das Modell 1932M, das mit speziellen Halterungen für Maschinengewehre, Schwere Panzerbüchse, Pionierwerkzeug oder Sanitäts-Zubehör ergänzt wurde. In geringen Stückzahlen kam das Fahrrad als Klapprad beim I. Fallschirmjäger-Bataillon zum Einsatz. Ihre größte Stärke hatten die ungarischen Fahrradtruppen 1940-1941 erreicht, danach wurden die Einheiten stufenweise motorisiert.

Ungarisches Militärfahrrad Modell 1932M mit 26-Zoll-Rädern, produziert von der Firma Manfréd Weiss in Budapest. In Ungarn wurden die Radfahrer »Gummihusaren« genannt.

Vereinigte Staaten von Amerika

In den USA wurde 1888 das Patent für das (möglicherweise weltweit) erste Faltrad an Emmit G. Latta erteilt. 1893 meldete Michael B. Ryan das Patent für sein erstes klappbares Niederrad an, 1896 gemeinsam mit der Fahrradfirma Dwyer (Conneticut) das Patent für ein weiteres Klapprad, das ausdrücklich militärische Verwendung finden sollte. Um die schnelle Bewegung von Soldaten mit Feuerkraft zu kombinieren, wurde ein Militärrad der englischen Firma Pope Manufacturing Co. eingeführt, das vorn ein Gestell für eine Waffenlafettierung besaß.

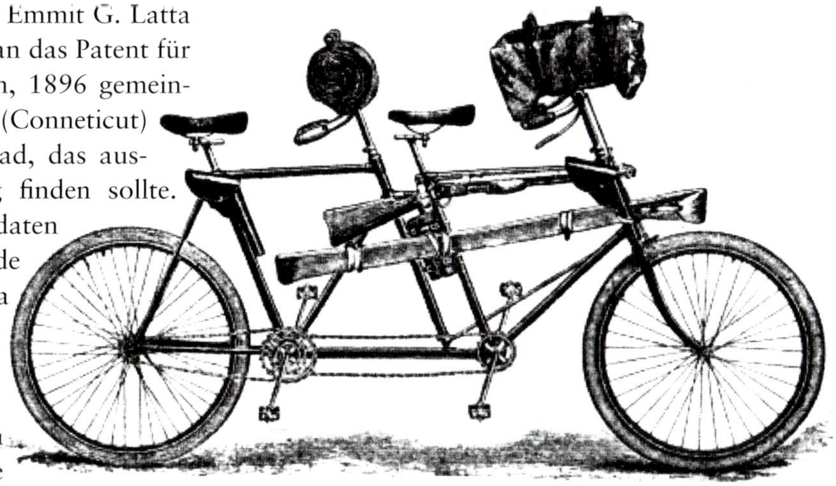

Die US-amerikanische »Pope Manufacturing Company« in Hartfort konstruierte 1895 ein Militär-Tandem, mit dem außer zwei Fahrern zwei Gewehre, zwei Revolver, eine Munitionstasche, eine Signalflagge und zwei Mäntel transportiert werden konnten. Letztlich setzte sich das Modell aber nicht durch.

Im Unterschied zu den europäischen Streitkräften setzte die US-Army ihre Radfahrer nicht als taktische Einheiten, sondern nur für den Melde-, Verbindungs- und Sanitätsdienst ein. Das Signalkorps der Nationalgarde von Connecticut war 1891 die erste militärische Einheit, in der Fahrräder von Boten und Staffelfahrern benutzt wurden. Internationale Berühmtheit erlangte im Sommer 1897 die 2200 Meilen (etwa 3725 Kilometer) lange Fahrt von 22 Mann des 25. Infanterie-Fahrradkorps unter der Führung von Lt. James A. Moss. Mit speziell für die Reise angefertigten Spaulding-Militärfahrrädern, die voll bepackt ca. 28 kg wogen, fuhren sie in 41 Tagen von Fort Missoula in Montana nach St. Louis, Missouri. Zweck des Unternehmens war ein Test der Brauchbarkeit militärischer Fahrräder unter unterschiedlichsten geografischen und klimatischen Bedingungen.

Zum Ende des Ersten Weltkrieges hatte eine Infanteriedivision eine Sollausstattung von 238 Fahrrädern. Ein Infanterieregiment verfügte über 32, ein Feldartillerieregiment über 26, ein Pionierregiment über 24 Fahrräder. 1918 produzierten die drei größten amerikanischen Fahrradfirmen 67.000 Fahrräder für das Militär, darunter 36.000 Exemplare des Modelles »Columbia« von Westfield. Im Zweiten Weltkrieg waren die beiden Firmen Westfield Mfg. Company (Westfield/Massachusetts) und Huffmann Mfg Company (Dayton/Ohio) die einzigen Armee-Lieferanten. Sie produzierten das Modell G 519 (auch M 305), das 1939 zunächst in geringen Mengen für die Marine bestellt und 1942 in allen Truppengattungen eingeführt wurde. Daneben gab es eine Variante für Frauen (M 306), die vor allem in den Frauenhilfs-

korps zum Einsatz kamen. Die meisten Teile waren zwischen beiden Modellen austauschbar, was Reparatur und Ersatzteilbeschaffung erleichterte.
Die Fallschirmtruppe nutzte ein Faltrad der Westfield Comp. unter der Bezeichnung »Columbia Compax Folding Bicycle«. Es wurde auch von Piloten und Bomberkommandanten der Air Force für die Bewegung auf den Flughäfen genutzt.

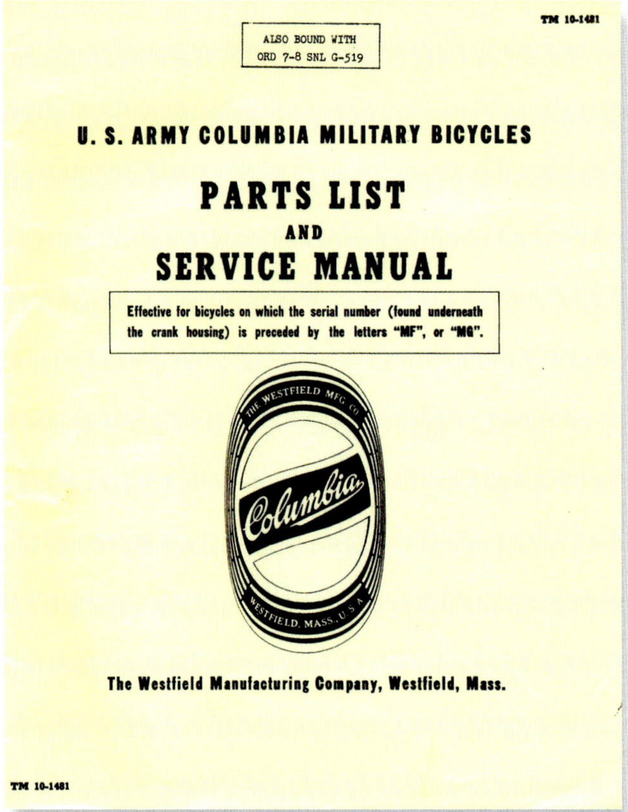

Diese kurze Übersicht der militärischen Nutzung des Fahrrades ist weit von dem Anspruch entfernt, vollständig zu sein. Aber sie verdeutlicht: Technisch hatten sich die Fahrräder seit dem Ersten Weltkrieg bewährt. Untersuchungen gehen davon aus, dass in diesem Krieg auf allen Seiten 250.000 Soldaten auf Rädern zum Einsatz kamen. Taktisch waren die Vorzüge von mit Fahrrädern beweglich gemachten Truppen zumindest an der Westfront, in dieser vom Kampf um Stellungen dominierten Auseinandersetzung, nicht zur Geltung gekommen. Die Kriegserfahrungen hatten eines mit aller Deutlichkeit gezeigt: Um zukünftig einen Krieg in kurzer Zeit gewinnen zu können, musste man ihn in Bewegung halten. Und hier spielte das Fahrrad im Instrumentarium militärischer Transportmittel – vor allem angesichts der gerade erst langsam beginnenden und kostenintensiven Motorisierung der Heere – eine wichtige Rolle. Nach 1918 wurden in den Streitkräften vieler Länder starke Fahrradformationen aufgebaut. Ihre klassischen Aufgaben lagen im Melde-, Sicherungs- und Sanitätsdienst. Es war aber insbesondere ihre enge Verbindung von Beweglichkeit und Feuerkraft, die diesen Truppen im Rahmen der Aufklärungs-, Kavallerie- und Infanterieverbände klar umrissene Kampfaufträge zuwies.
Im Zweiten Weltkrieg ergaben sich Veränderungen. So wuchs der Wert des Fahrrades im Bestand von Spezialtruppen wie Gebirgs-, Sicherungs- und vor allem Fallschirmverbänden und -einheiten. Im Allgemeinen ging die Bedeutung des Fahrrades jedoch zurück. Die Hauptursache hierfür war die zunehmende Motorisierung der Armeen, ihre Ausrüstung mit geländegängigen, teils gepanzerten Kraftfahrzeugen. Eine Ausnahme bildete die Nutzung des Fahrrades beim deutschen Militär.

3. Das Fahrrad in den deutschen Streitkräften

3.1 Das Fahrrad auf dem Weg in den Ersten Weltkrieg

Im Deutschen Kaiserreich prüfte das Militär, auch unter Auswertung der Entwicklung im Ausland, ebenfalls die Brauchbarkeit des Fahrrades für seine Zwecke. 1889 wurde die Königliche Militär-Turn-Anstalt in Berlin beauftragt, Versuche durchzuführen. Ab 1892 kamen Radfahrer als Melder und für den Verbindungsdienst zum Einsatz. Lebhafter wurde das Interesse unter dem Eindruck der Distanzfahrt Wien-Berlin 1893, die die Überlegenheit des Fahrrades gegenüber dem Pferd auf langen Strecken bewies. Der Sieger war weniger als die Hälfte der Zeit unterwegs, die der beste Reiter ein Jahr vorher für etwa die gleiche Strecke benötigt hatte. Von Seiten des Militärs begann ein Umdenken und die Befürworter des Fahrrades setzten sich durch. Versuchs-Radfahrformationen wurden zeitweise aufgestellt, wie zum Beispiel 1893 für das Manöver des X. Armeekorps auf dem Truppenübungsplatz Munster. 1894 wurden in Bayern 100.000 Mark zur Anschaffung von Fahrrädern zu je 300 Mark bereitgestellt, um jedes Infanterie- und Jägerbataillon mit zwei Rädern auszustatten. Seit 1895 fanden beim I. (Bayerischen) Armeekorps jährlich Militär-Radfahrkurse statt, bei denen zeitweilig zusammengestellte Radfahr-Abteilungen auch den Einsatz als fechtende Truppe übten. In den Kaisermanövern 1897 waren Abteilungen bis zu 100 Mann und in Gesamtstärken von 800 bis 1000 Fahrrädern im Einsatz; 1898 stellte das Preußische Kriegsministerium 310.080 Mark zur Beschaffung von Fahrrädern für alle Waffen in seinen Etat ein.

Das Fahrrad in den Farben des Heeres

Die Auswertung der Erfahrungen führte Mitte 1895 zur Herausgabe des ersten Entwurfes der *Vorschrift für die Instandhaltung und Benutzung der Armee-Fahrräder,* der die ihm bereits 1894 vorausgegangenen *Gesichtspunkte für die Behandlung der Fahrräder sowie für die Ausbildung und Verwendung der Radfahrer in der Armee* ablöste. 1899 erschien unter dem Titel *Fahrrad-Vorschrift* die vorerst endgültige, kaum veränderte Fassung. Im Inhaltsverzeichnis wurde der Begriff Armeefahrrad 99 erstmals verwendet. Bei dieser Bezeichnung blieb es bis 1929 in den amtlichen militärischen Druckschriften.

Die Vorschriften enthielten die Beschreibung der Hauptteile des Rades und seine Instandsetzung. Ein Abschnitt ist der Ausbildung der Radfahrer gewidmet. Er behandelt allerdings nur die Beherrschung des Fahrradfahrens, keine Aussagen über Arten des Einsatzes. Dazu wird auf die *Felddienstordnung* von 1894 verwiesen, in der zum ersten Mal in einer deutschen Vorschrift die Verwendung von Militärradfahrern an Stelle von Ordonnanzen und Meldereitern, zum Relaisdienst auf große Entfernungen, in der Marschsicherung, im Vorpostendienst und zum Quartiermachen erwähnt wird, stets jedoch nur dort, »wo gute Straßen zu Gebote stehen« oder »wo die Geländeverhältnisse es gestatten«. An eine Verwendung als fechtende Truppe war noch nicht gedacht.

Die Bekleidung und Ausrüstung der Radfahrer wurden ebenfalls festgeschrieben. Radfahrer trugen Schirmmütze mit Kinnriemen und schilffarbenem Überzug, Litewka oder Waffenrock, Trikotjacke, Stiefelhosen mit kurzen Ledergamaschen zum Schnüren, Schnürschuhe und einen Umhang aus wasserdichtem grauem Manteltuch mit Kapuze. Zur Ausstattung gehörten eine Feldflasche, ein Brot- und ein Tornisterbeutel sowie je eine Meldetasche am Leibriemen (Koppel). Brot- und Tornisterbeutel wurden am Mann getragen, der Tornister auf Wagen gefahren. Bewaffnet waren Radfahrer anfangs mit einem Revolver, ab 1899 bei Infanterie, Jägern, Pionieren, Kavallerie, Fußartillerie und Train mit dem Gewehr 91 oder Karabiner 88 (auf dem Rücken getragen), bei der Feldartillerie und den Telegraphentruppen weiterhin mit einem Revolver. Dazu trugen alle Radfahrer ein auf der Lenkstange befestigtes Seitengewehr.

Mit der Vorschrift von 1899 erfolgte die Unterteilung in Kriegsfahrräder (Garnitur A), Kriegsfahrräder (Garnitur B) und Lernräder. Während A-Räder (deren Aussonderung nach acht Jahren festgelegt war) den Einheiten zum Dienst im Felde, zum Geländefahren sowie für Übungen und Manöver dienen sollten, waren B-Räder für jeglichen dienstlichen Gebrauch im Frieden einschließlich der Fahr-Ausbildung bestimmt. Lernräder unterschieden sich durch eine stärkere Bauart aller Teile, v.a. der Vorderradgabel sowie durch das Fehlen von Rahmentaschen und Laternen. Sie wurden ab 1899 allerdings nicht mehr beschafft.

Die Vorschrift von 1899 legte erstmals in einem Anhang die von den Fahrradfabriken einzuhaltenden Lieferbedingungen fest. Der Einsatz bester Materialien sollte eine größtmögliche Dauerhaftigkeit gewährleisten und höchsten Anforderungen genügen. Die Räder mussten für anstrengende Tourenfahrten von Fahrern mit einem Gewicht bis 85 kg tauglich sein und höchstens 16 kg wiegen. Ausdrücklich wurde festgelegt, am Lenker keine Tornister- und Gewehrträger anzubringen. Alle Konstruktionsteile waren schwarz zu emaillieren, blanke Teile zu brünieren, kleine Teile (wie Schrauben) zu bläuen. Die Abnahmeprüfung erfolgte durch Revisionsbeamte der Königlichen Gewehrfabriken.

Beamter des mittleren Dienstes mit seinem eigenen Fahrrad bei einer Mobilmachungsübung in Niederschlesien (heute Polen). Aufnahme aus dem Jahr 1903.

Die neue Fahrradvorschrift vom 16. Juli 1906 brachte gegenüber ihren Vorgängerinnen keine wesentlichen Änderungen. Noch immer gehörte zur Friedensausrüstung eines Fahrrades ein schmiedeeiserner Ständer. Eine Ausnahme ist die Farbgebung. Armeefahrräder waren ab sofort grau emailliert. Die Vorschrift enthielt im Anhang ein umfangreiches Verkaufs-Preisverzeichnis für die von den Truppen aus 18 aufgelisteten Fahrradfabriken zu beziehenden Ersatzteile.
Wiederholt beschäftigten sich die Militärbehörden mit Befestigungsvorrichtungen für Handfeuerwaffen am Fahrrad. 1903 wurde ein Gewehr 98, 1909 ein Reichsrevolver mit einer entsprechenden Halterung entworfen. Beide wurden abgelehnt. Desgleichen wurden verschiedene Ausrüstungen und Zubehör bei Manövern erprobt. Sie stießen meist aber auf Ablehnung.
Im Unterschied zu anderen Ländern waren es in Deutschland häufig Nähmaschinenfabriken, die seit den 1880er Jahren die Produktion von Fahrrädern als lukratives Geschäftsfeld erkannt hatten. Es gab viele Gemeinsamkeiten, denn die Fertigungsverfahren und -abläufe waren ähnlich; das Prinzip austauschbarer Einzelteile war das gleiche und es gab ausgebildetes Fachpersonal.
Folgerichtig geriet das Militär als möglicher Kunde in den Fokus der Hersteller. Der Umfang zu erwartender Bestellungen versprach eine sichere Einnahmequelle.

Tatsächlich blieben die Zahlen für die Sollausstattung des Friedensheeres in einem bescheidenen Rahmen, wie die Tabelle auf Seite 30 für das Jahr 1906 zeigt.

Beim Ausrücken ins Feld, also im Kriegsfall, wären bei jedem der 23 Armeekorps 280 (darunter bei jeder Infanteriedivision 115 und jeder Kavalleriedivision 20) Radfahrer im Einsatz gewesen – insgesamt also nicht einmal 7000 Mann.

		A-Räder	B-Räder
Infanterie-Regiment	Stab	1	1
	Jäger- und Schützenbataillon	2	1
	Jäger- und Schützenkompanie	1	1
Maschinengewehr-Abteilung		1	1
Kavallerie-Regiment	Stab	1	1
	Eskadron	1	1
Feldartillerieregiment	Stab	1	1
	Abteilung	1	1
	Batterie	1	1
Fußartillerie	Regimentsstab	1	1
	Bataillonsstab	1	1
	Batterie	1	1
Pionier-Bataillon		8	6
Telegraphen-Bataillon		6	4
Eisenbahn-Regiment	Regimentsstab	1	1
	Bataillonsstab	1	1
	Kompanie	1	1
Luftschiffer-Bataillon		3	3
Train-Bataillon		6	4
Kommandantur Schieß- und Truppenübungsplätze		-	4

Wie in anderen Ländern wurde auch im deutschen Heer die Einführung von Klapprädern diskutiert, die von verschiedenen Firmen angeboten wurden, so z.B. von den Adlerwerken, den Expreßwerken, von Corona, Seidel & Naumann, Mars, Victoria und Wanderer. Nach Erfahrungsberichten preußischer Jägerbataillone und des Garde-Schützen-Bataillons bewährten sich die Modelle von Seidel & Naumann nicht so gut wie die der Expreßwerke. Offensichtlich genügten deren Modelle den militärischen Anforderungen am besten. 1913 wurden 71 Räder für das Kgl. Bayerische 2. Jäger-Bataillon (Aschaffenburg) angekauft und getestet. Über eine weitergehende Verwendung außerhalb Bayerns konnten nur wenige Angaben gefunden werden. Es existieren ein leider undatiertes *Verzeichnis über Ersatzteile zum Expreß-Armeerad (starres System) sowie Expreß-Klapprad* sowie eine Mitteilung im *Heeresverordnungsblatt Nr. 5* von 1929, dass Klappräder im Sollbestand der Reichswehr-Einheiten verbleiben. Lebhafte Diskussionen gab es auch über den militärischen Einsatz von Tandems und Dreisitzern, der aber im Unterschied zu ausländischen Armeen über das Versuchsstadium nicht hinausging.

Erinnerungsfoto von Angehörigen der 11. Kompanie des Königlich Sächsischen 6. Infanterie-Regimentes »König Wilhelm II. von Württemberg« Nr. 105 (Straßburg) nach der Schießausbildung. Aufnahme aus dem Jahr 1903.

Neben kompletten Fahrrädern wurden schon frühzeitig einzelne Teile davon, zum Beispiel Reifen, Felgen und Speichen wegen ihrer leichten Bauart für Sanitätsfahrzeuge, Handkarren u.a. genutzt. Bereits 1906 gab es im britischen und im deutschen Heer Fahrradgeneratoren zur Stromversorgung von Telegrafenleitungen, mit deren Hilfe Signale 75 km über Land und 240 km unter Wasser weitergegeben werden konnten.

Begeisterung und Ablehnung

Das Fahrrad fand beim Militär Befürworter und Gegner, die von Beginn an in der Fachpresse heftig über Verwendungsmöglichkeiten für Radfahrer und Aufstellung von Radfahrerverbänden polemisierten. Davon zeugen die vielen Schriften und Artikel in den verschiedenen deutschen Militär-Fachzeitschriften, vor allem im *Militärwochenblatt* und in der *Kriegstechnischen Zeitschrift*, aber auch in den *Jahrbüchern für Armee und Marine*, der *Allgemeinen Militär-Zeitung* und der *Deutschen Heereszeitung*.
»Neuerungen auf dem Gebiete des Heerwesens gehen nur langsam Schritt. … Viele in dieser waffentragenden Welt und zum Theil gerade jene, die das entscheidende Wort zu sprechen haben, kennen das glitzernde, schwirrende Ding nur vom Sehen. Wer wollte es da nicht begreiflich finden, dass Manchem der Glaube daran schwer fällt? Diese in den Verhältnissen begründeten Widerstände möchten nun bald ihre Kraft verlieren, wenn es gelänge, nicht durch theoretische Betrachtungen, sondern durch ausgedehnte praktische Versuche augenfällig und unanfechtbar nachzuweisen, dass in dem Fahrrade wirklich eine so werthvolle Bereicherung der Kampfmittel erblickt werden muss, dass eine Vernachlässigung dieses neuen Elements einer Versäumnis in der Ausgestaltung und Vervollkommnung der Heereseinrichtungen gleichkäme«, schrieb Major Julius Burkhart, der seit 1894 zu praktischen Versuchen mit Militärradfahrern herangezogen wurde und seit 1895 die bayrischen Radfahrkurse leitete, 1899 in der *Kriegstechnischen Zeitschrift*.
Schon früh spielte in den Diskussionen um die Aufstellung von Radfahreinheiten die Frage eine Rolle, ob sie Kavallerieeinheiten ganz oder teilweise ersetzen können.

»Ungeachtet dieser Erkenntnis besteht in keiner Armee Aussicht auf eine bedeutende Vermehrung der Kavallerie«, schrieb der Schweizer Oberleutnant G. Immenhauser 1904 in seiner Schrift *Radfahrende Infanterie*. »Dies ist begründet im Kostenpunkt, teilweise auch in den Pferdebeständen und im Wehrsystem und hat zur Folge, dass neben dem Reitpferd wohlfeilere, aber ebenfalls feldtüchtige Transportmittel immer mehr an Bedeutung gewinnen, welche einer Truppe einen bedeutenden Zuschuss an Beweglichkeit geben können. Diesen Anforderungen entspricht das Fahrrad in seiner heutigen Vervollkommnung.« Ebenso sahen das die deutschen Verfechter der militärischen Nutzung des Fahrrades.

Auch die Gegner erhoben ihre Stimme. Die einen hegten eine generelle Ablehnung gegen die in der Gesellschaft zunehmende Verbreitung des Fahrrades und gegen Radfahrer. Anderen mangelte es am Ver-

Für die Einführung des Radfahrens in die Armee

»Fast 30 Jahre hindurch hat man militärischerseits das Radfahren lediglich als Sport betrachtet. Allmählich jedoch machte man sich mit dem Gedanken vertraut, daß Radfahrer im Kriege gute Dienste leisten würden, und jetzt stehen wir vor der Tathsache, daß alle größeren Staaten den Fahrraddienst in weiterem oder engerem Umfange bei ihrer Armee eingeführt haben. …

Will man als bewiesen ansehen, daß das Radfahren in die Armee eingeführt werden muß, so wird man zugeben, daß Erfolge in dieser Richtung nur erzielt werden können, wenn

1. ***das Radfahren fest organisiert wird,***
2. ***Ausbildung und Verwendung der Radfahrer einheitlich nach festgelegter Dienstvorschrift erfolgt,***
3. ***die den Reserve- und Landwehrtruppenteilen zuzuteilenden Radfahrer ebenfalls dem Aktivbestande entnommen werden. Somit müßten sämtliche Militärradfahrer Unteroffiziere sein. …***

Als Maschine wäre zu wählen: ein Zweirad neuester Konstruktion, und zwar mit gleichen Rädern (safety), verbessert nach den neuesten Erfindungen. … Pneumatische Reifen halte ich für unbedingt notwendig. Gerade sie machen es dem Radfahrer möglich, über weicheren und holprigen Boden mit unverminderter Schnelligkeit dahinzufahren. …

Nirgendwo wäre Sparsamkeit beim Ankaufe weniger am Platze als hier, bei der Beschaffung von Militärfahrrädern. Ein billiges Rad ist schlecht! Nur mit dem besten Rade kann man etwas leisten. Und das beste Rad ist für den Deutschen Soldaten gerade gut genug.

Sinn und Zweck meiner Arbeit kann ich zum Schlusse zusammenfassen in folgende Forderungen:

1. ***Einführung obiger Organisation des Militär-Radfahrwesens,***
2. ***Das beste Zweirad der Welt für den Militär-Radfahrer,***
3. ***Dasselbe Rad, ein Einheitsrad für die ganze Armee,***
4. ***Eine Dienstvorschrift für das Militär-Radfahrwesen.***

Werden diese Forderungen bewilligt, aber auch nur dann, so werden bei der Liebe, ja Leidenschaft, welche eine genügende Anzahl von Rekruten diesem Dienstzweig gerade in Deutschland entgegenbringt, die schönsten Erfolge nicht ausbleiben und die Deutsche Armee wird auch in dieser Hinsicht die erste der Welt sein und bleiben.«

Zitiert nach: Rantzenau, Heinrich Graf zu: Zur Organisation des Militär-Radfahrwesens. Berlin 1894

ständnis für die sich bietenden Möglichkeiten bei einer Nutzung durch die Armee. Radfahrer seien zu abhangig von Wegeverhältnissen, Wetter und Jahreszeit. Auch die Notwendigkeit finanzieller Mittel für die Anschaffung von Fahrrädern wurde kritisiert. Generalmajor Gerold von Gleich bemerkte dazu in seiner Schrift *Die alte Armee und ihre Verirrungen* im Jahr 1919: »Dagegen herrschte bei uns eine ganz auffällige Geringschätzung..., die nicht bloß mit der Scheu vor dem Kostenpunkt zu erklären, sondern offenbar in der weitgehenden Abneigung gegen alles Technische begründet ist.«

In den Reihen der Kavallerie spielte sicher auch Eitelkeit eine Rolle – in stolzer Haltung »hoch zu Roß« machte man eine bessere Figur als auf dem Rad über den Lenker gebeugt. So bekamen Offiziere im Manöver oft ein Fahrrad zur Verfügung gestellt, stiegen aber lieber auf ihr Pferd.

Gegen das Fahrrad im Heeresdienst

Festgestellt muß ein für alle Mal werden, daß das Radeln gründlich häßlich ist. Wir fragen, ob es schon jemals einem Bildhauer eingefallen ist, einen Menschen mit strampelnden Beinen, vornüber gebückter Haltung, krummen Rücken, hochgezogenen Schultern und möglichst verengter Brust darzustellen, eine Pose, welche die unschönsten Theile des menschlichen Körpers in das hellste Licht stellt. ...

Vollends lächerlich ist es, den Radfahrer auch nur entfernt mit dem Reiter zu vergleichen. Das lebendige Geschöpf mit Temperament, Verstand, Eigenwillen, Empfindlichkeit unter sich im Vergleich zum toten Instrument! ...

In Ausnutzung der technischen Waffen- und Verkehrsverbesserungen ist es oft eigenthümlich gegangen, und haben sich sogar sehr bedeutende Männer in ihrem Urtheil über Werth und Unwerth geirrt. ... Aber wie viele Erfindungen giebt es andererseits, die ein kurzes Leben haben und dann in ihr Nichts zurücksinken! ...

Im Vorpostendienst kann das Rad auf den Wegen bei der Infanterie die Rolle eines Melders spielen, auch kann der Feldwachkommandeur es da und dort bei guten Wegeverbindungen zur Besichtigung der Stellung verwenden und dadurch seine Kräfte in gewissem Maße schonen.

Was dagegen die Aufklärung, d.h. die Einziehung von Nachrichten über den Feind betrifft, so hat man sich ... darin mehrfach den ausschweifendsten Erwartungen hingegeben. ... Alles in Allem genommen steht aber eine mit guten Karabinern bewaffnete leichte Kavallerie, ohne Lanzen, hoch über einer Radfahrertruppe in jeder Art von Aufklärungsdienst.

... In allen Fällen **[auch bei der Nutzung von Klapprädern – d.V.]** ***wird der Mann also derart belastet sein, daß er ein schwerfälliger Infanterist wird, der insbesondere zu einem Bewegungsgefecht fast untauglich sein dürfte. Dieser Umstand, der nicht verneint werden kann, scheint uns sehr stark gegen die Gefechtsfähigkeit einer solchen Fahrradtruppe zu sprechen. ...***

Der Errichtung von Spezialtruppen **[gemeint sind Radfahrertruppen – d.V.]** ***können wir vorläufig nicht zustimmen. Versuche kann man genugsam mit zusammengestellten Abtheilungen anstellen. Führt man sie sorgsam und ohne irgend welche Voreingenommenheit aus, hält man sich ferner dabei stets die wirklichen Verhältnisse des Krieges vor Augen, so wird man sich sehr bald davon überzeugen, daß dieses neue Kriegsmittel nicht werthvoll genug ist, um eine irgend wie bedeutende Rolle spielen zu können und einen großen Aufwand zu rechtfertigen, insbesondere da es im nordischen und mitteleuropäischen Klima fast während des ganzen Winters brach liegen muß. Es wird als Gefechtsmittel eine vorübergehende Erscheinung sein, wie so viele im Kriegswesen schon aufgetaucht sind.***

Zitiert nach: Boguslawski, Albert von: Das Fahrrad im bürgerlichen und im militärischen Leben, Berlin 1900

Mechanisierung mit Muskelkraft – mehr als eine Zwischenlösung

Pferd oder Fahrrad? Die Entscheidung war endgültig gefallen: Pferd *und* Fahrrad!

Die Vorteile des Einsatzes von Radfahrern im Melde- und Ordonnanzdienst waren klar erkennbar.

»Das Zweirad ist aus einem blossen Vergnügungsfahrzeug zu einem wirksamen Hilfsmittel für den Soldaten geworden. Zum Patrouilliren, Rekognosziren, Depeschen besorgen ist das Zweirad über allen Wettbewerb erhaben«, urteilte ein unbekannter Autor 1902 in der *Kriegstechnischen Zeitschrift*.

Radfahrer bewegten sich geräuschlos und schnell. Ihre mögliche Leistung wurde mit 15 bis 20 km/h, die Tagesleistung mit 100 km angegeben. Die Soldaten konnten sich einfacher im Gelände verstecken und waren für den Gegner ein kleineres Ziel. Sie konnten ihre Räder leicht transportieren, auch auf längeren Strecken war die Beförderung auf Kraftfahrzeugen einfacher als die von Pferden. Nicht unwesentlich zu Buche schlugen im Vergleich mit Pferden die günstigeren Kosten für Anschaffung, Pflege und Erhaltung der Fahrräder. Melderadfahrer konnten und sollten in vielen Fällen eine wertvolle Unterstützung für Meldereiter sein, sie nie aber ganz ersetzen.

Die Verbindung von Schnelligkeit mit hoher Feuerkraft ist ein grundsätzliches militärisches Problem. Nachdem das Fahrrad im deutschen Heer eingeführt war, setzte sich bald – wie in anderen Ländern – der Gedanke durch, radfahrende Infanterie auch als selbständig agierende fechtende Truppe einzusetzen. Dazu mussten aber schon im Frieden die notwendigen Strukturen geschaffen und eine systematische Ausbildung durchgeführt werden.

»Deutschlands Zurückhaltung war besonders groß, ja ist es eigentlich noch heute, ... im Heere hat das neue Verkehrsmittel aber nur sehr langsam Aufnahme gefunden. Die Urteile der Generalkommandos über den militärischen Wert gingen noch sehr auseinander. Immerhin ist auch heute von Errichtung

Stab des Mindenschen Feldartillerie-Regimentes Nr. 58 (Minden). Dem Regimentsstab eines Feldartillerie-Regimentes stand ein Armeefahrrad 99 zu. Manöveraufnahme aus dem Jahr 1906.

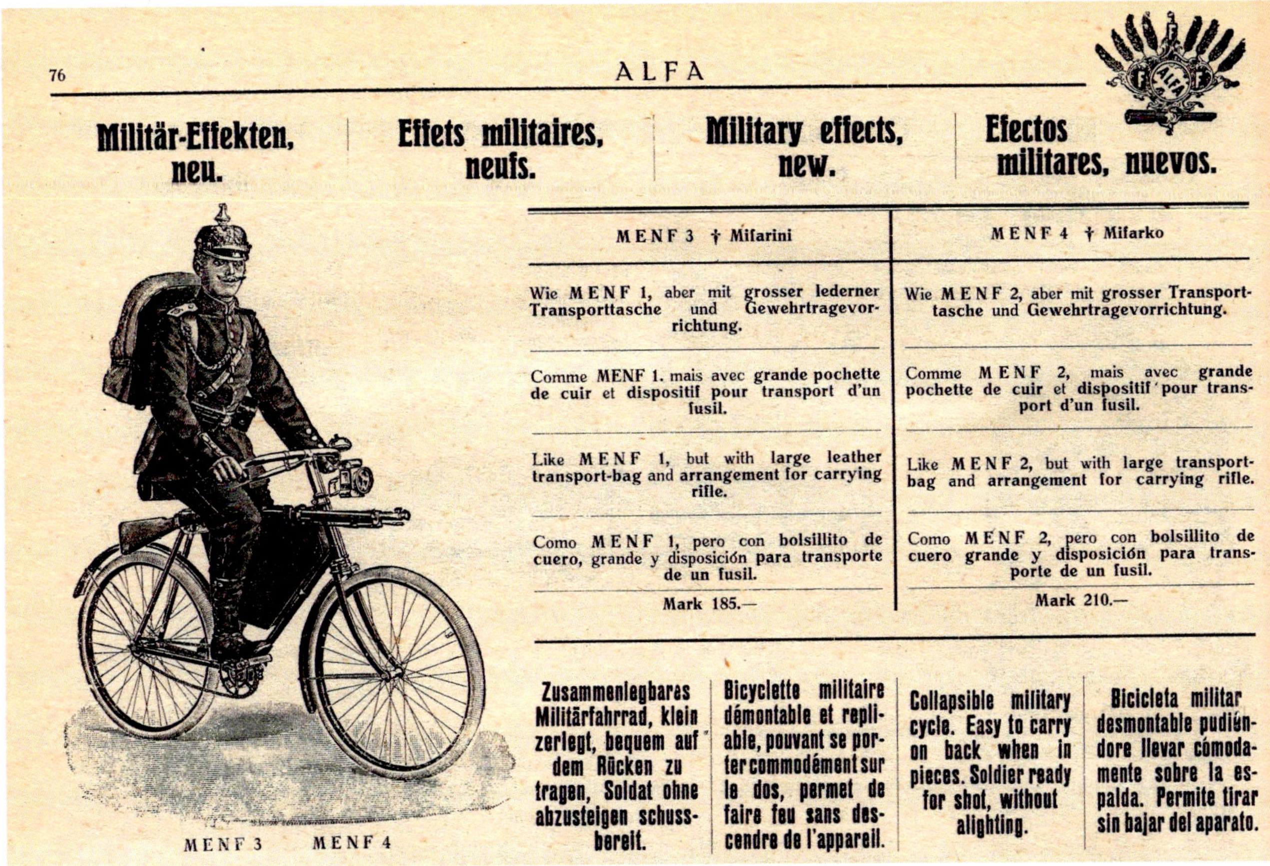

76 ALFA

Militär-Effekten, neu. | **Effets militaires, neufs.** | **Military effects, new.** | **Efectos militares, nuevos.**

MENF 3 † Milarini	MENF 4 † Milarko
Wie MENF 1, aber mit grosser lederner Transporttasche und Gewehrtragevorrichtung.	Wie MENF 2, aber mit grosser Transporttasche und Gewehrtragevorrichtung.
Comme MENF 1. mais avec grande pochette de cuir et dispositif pour transport d'un fusil.	Comme MENF 2, mais avec grande pochette de cuir et dispositif pour transport d'un fusil.
Like MENF 1, but with large leather transport-bag and arrangement for carrying rifle.	Like MENF 2, but with large transport-bag and arrangement for carrying rifle.
Como MENF 1, pero con bolsillito de cuero, grande y disposición para transporte de un fusil.	Como MENF 2, pero con bolsillito de cuero grande y disposición para transporte de un fusil.
Mark 185.—	Mark 210.—

Zusammenlegbares Militärfahrrad, klein zerlegt, bequem auf dem Rücken zu tragen, Soldat ohne abzusteigen schussbereit.

Bicyclette militaire démontable et repliable, pouvant se porter commodément sur le dos, permet de faire feu sans descendre de l'appareil.

Collapsible military cycle. Easy to carry on back when in pieces. Soldier ready for shot, without alighting.

Bicicleta militar desmontable pudiéndore llevar cómodamente sobre la espalda. Permite tirar sin bajar del aparato.

MENF 3 MENF 4

Angehöriger des Königlich Sächsischen 1. Jäger-Bataillons Nr. 12 (Freiberg). Die Sächsische Armee führte am 7. Mai 1895 Fahrräder ein. Jedes Infanterie- und Jäger-Bataillon erhielt zunächst zwei Stück. Ihre Zahl wurde in den folgenden Jahren kontinuierlich erhöht. Ab 1899 wurden Radfahrer anstelle der bis dahin getragenen Revolver bei den Fußtruppen mit dem Gewehr M/91, bei der Kavallerie mit dem Karabiner M/88 ausgerüstet. Radfahrer der Fußartillerie behielten den Revolver. (© MHM Dresden, Signatur BAAN0567)

Federführend bei der Entwicklung fahrradbeweglicher Einheiten war die Jägertruppe. Die Vorkriegsaufnahme zeigt Angehörige eines preußischen Jäger-Bataillons bei einer Übung mit Armeefahrrädern 99.

Auf dem Marktplatz von Königsbrück ist die Radfahrer-Kompanie des Königlich Sächsischen Jäger-Bataillons Nr. 13 mit geführten Fahrrädern in Linie angetreten. Die Linie ist die Versammlungsform der Radfahrer-Kompanie. Aufnahme aus der Vorkriegszeit.

der Kavallerie – z.B. in der Flankensicherung, beim Vorpostendienst, bei der Besetzung wichtiger Punkte in oder hinter der Front, zur Aufklärung der Etappenorte, zur Sicherung von Telegrafenleitungen. Er stand mit dieser Meinung nicht allein.

Bis zur Schaffung von ständigen Radfahreinheiten sollten aber noch einige Jahre vergehen. Beim V. Armeekorps in Posen war am 1. November 1906 aus Abgaben von Infanterie-Truppenteilen aus dem ganzen Korpsbereich eine Radfahrer-Versuchs-Kompanie mit einer Stärke von vier Offizieren sowie 120 Unteroffizieren und Mannschaften aufgestellt worden. Nach der positiven Beurteilung dieser Kompanie entschied man sich, dem französischen Beispiel der Aufstellung von Radfahreinheiten zu folgen. Die Inspektion der Jäger und Schützen erhielt am 25.11.1912 die Anordnung, bei den Jägerbataillonen von neun Generalkommandos Radfahr-Formationen zu schaffen, die gemeinsam mit den Jägerbataillonen bei der Heereskavallerie eingesetzt werden sollten. Zunächst wurden bei einigen Jäger-Bataillonen Radfahrer-Versuchsabteilungen aufgestellt. Im Oktober erhielten alle Jäger-Bataillone neben vier Jäger- und einer Maschinengewehr-Kompanie etatmäßig eine Radfahrer-Kompanie mit einer Stärke von 115 Mann. Dafür wurden mehr Fahrräder benötigt, wobei die Militärverwaltung ausschließlich auf deutsche Fabrikate zurückgreifen sollte.

Fortan unterschied man im Heer hinsichtlich der Verwendung von Fahrrädern in

a) Transportmittel im Rahmen des Melde- und Verbindungsdienstes von Stäben, in der Truppenverwaltung sowie in Sanitätseinheiten (für Truppenradfahrer) und
b) Transportmittel für den schnellen und beweglichen Einsatz kompletter Einheiten im Rahmen von Infanterie- und Kavallerie-Verbänden (für Radfahrtruppen)

Zunächst erfolgte die Ausbildung nach allgemeinen Anweisungen der Inspektion der Jäger und Schützen, im April 1914 erschien eine erste bindende Ausbildungsvorschrift.

Die Soldaten der Radfahrtruppe trugen die graugrüne Felduniform der Jäger mit der Nummer ihres Jäger-Bataillons auf den Schulterklappen. In Bayern wurden zur Unterscheidung von den Jägern besondere Schulterklappen eingeführt.

Unteroffizier Otto Michaelis, Angehöriger der Militärmusikkapelle des Telegraphen-Bataillons Nr. 1 (Berlin-Treptow). Aufnahme aus dem Jahr 1913.

3.2 Das Fahrrad in den Materialschlachten des Ersten Weltkrieges

Knapp 30 Jahre nach der Einführung von Fahrrädern beim deutschen Militär erlebte die kaum über das Versuchsstadium hinausgekommene deutsche Radfahrtruppe ihren ersten Kriegseinsatz. Im August 1914 verfügte das Heer über 18 Jäger- und Schützenbataillone, jedes gegliedert in vier Jägerkompanien, eine Maschinengewehr-Kompanie und eine Radfahrkompanie. Einen Monat später erhielten die meisten dieser Bataillone eine Ersatz-Radfahrkompanie, später zweite Radfahrkompanie genannt. Darüber hinaus bestanden bei allen Jäger-Ersatzbataillonen Radfahrtrupps, die ebenfalls häufig als Radfahrkompanien bezeichnet wurden.

In Bewegung – auf allen Kriegsschauplätzen

Auch in anderen Waffengattungen waren im Kriegsverlauf Radfahrereinheiten formiert worden. Im Westen bildeten zahlreiche Infanterieregimenter und Divisionen zur Verstärkung ihrer Divisionskavallerie eigene Radfahreinheiten, die mit dem Übergang zum Stellungskrieg allerdings wieder aufgelöst wurden. Ein großer Teil der Landsturm-Eskadrone in Belgien war von vorn herein mit Fahrrädern ausgestattet. Die zum Marinekorps in Flandern gehörende Marine-Infanterie-Brigade verfügte in jedem der drei Marine-Infanterie-Regimenter über eine Radfahrkompanie. In der 1918 aufgestellten Ostsee-Division standen sieben Radfahrkompanien und das Radfahr-Bataillon Nr. 1 im Einsatz.

In einigen – vor allem die im Osten eingesetzten – Kavalleriedivisionen sind bis zum Kriegsende zwei bis fünf Radfahrkompanien gebildet worden. Hinzu kamen Radfahrkompanien und -Abteilungen bei den weit auseinandergezogenen Grenzschutzverbänden.

Nach dem Übergang zum Stellungskrieg an der Westfront ergaben sich dort für Radfahrer-Einheiten nur noch wenige Einsatzmöglichkeiten. Anders sah das im Osten aus. Aufnahme vom polnischen Kriegsschauplatz im Frühjahr 1915.

Die Radfahrer im Weltkriege

»Das Fahrrad war stets das Stiefkind unter den modernen Verkehrsmitteln und auch die Oberste Heeresleitung wendete früher ihre Aufmerksamkeit mehr den Fliegern, den Luftschiffern und den Motorfahrern zu, als daß sie das „Fahrzeug des kleinen Mannes" ... gefördert hätten. Lange hat es gedauert, bis unserem Heere Radfahrertruppen angegliedert wurden. Während bei uns erst kurze Zeit verstrichen ist, seitdem wir Militärradfahrer kennen, hatten unsere Gegner schon seit vielen Jahren das Radfahrwesen im Heere organisiert. Dafür aber hatten wir einen Vorteil: wir hatten gleich mit deutscher Gründlichkeit zugefaßt, und in der verhältnismäßig kurzen Zeit hatten wir die Ausbildung unserer Radfahrertruppen so weit oder weiter gebracht, als es unsere Gegner konnten. Der Beweis hierfür liegt in den von allen Seiten, auch von denen unserer Feinde hervorgehobenen Heldentaten unserer Radler im Heere. Der Schrecken, den hauptsächlich in den tellerflachen Ebenen Polens unsere Militärradfahrer verbreiteten, war so groß, daß die Russen alle Vorsichtsmaßnahmen trafen, um dieser furchtbaren Waffe unseres Heeres Hindernisse in den Weg zu legen. Aus allen Städten und Ortschaften, wohin unser Heer vielleicht dringen konnte, wurden auf höheren Befehl sämtliche Fahrräder und Ersatzteile dazu weggeschafft, damit sie uns nicht in die Hände fielen. ...

In diesem Kriege hatten wir schon so oft von den Heldentaten unserer Radfahrertruppen gelesen. ... Daß das Fahrrad nicht nur zum Aufklärungsdienste benutzt wurde, haben uns die Schilderungen gezeigt, in denen von einer Überraschung feindlicher Vorposten, Einnahme von Ortschaften durch Radfahrertruppen und Wegfangen von Patrouillen die Rede war. ...

Wir konnten also auch auf diesen Teil unseres Heeres besonders stolz sein und werden dem Radfahrwesen im Heere wahrscheinlich später eine vermehrte Aufmerksamkeit widmen. Wollten doch die Franzosen schon die Kavallerieregimenter durch Radfahrerregimenter ersetzen, freilich dazu gedrängt durch den Pferdemangel. Auch die Engländer hatten bereits ganze Radlerregimenter mobil gemacht, mit denen sie die Invasion der „verdammten Deutschen" in England zu verhindern hofften. In Rußland freilich hatte man von Radfahrern beim Heere nicht viel gehört. Wie wäre auch eine Ausbildung dieser Truppen auf den elenden Straßen im Russenreiche möglich gewesen?«

Zitiert nach: Wiesener, Paul: Feldgraue Helden. Biographien der Heerführer Deutschlands und Österreichs. Hamburg 1917

Abb. 188. Nach berühmten Mustern. Wie sich der Melderadfahrer Strampler auf den unergründlichen Landstraßen Polens zu helfen weiß. — Lustige Blätter vom 27. Februar 1915.

Kriegsfreiwilliger mit seinem eigenen Rennrad. Von den über 46.000 Mitgliedern (Stand 1913) des Bundes Deutscher Radfahrer (BDR) blieb die Hälfte im Feld. Für sie wurde im Kurpark von Bad Schmiedeberg am 17. Juni 1923 ein Denkmal eingeweiht.

Insgesamt gab es etatmäßig 37 Jäger- und 45 sonstige Radfahrkompanien. Genaue Zahlen zu ermitteln, wie viele deutsche Radfahrkompanien im Verlaufe des Krieges existierten, ist kaum möglich, da es häufig zu zeitweiligen Auflösungen, Zusammenlegungen, Wieder- und Neuaufstellungen kam.
Zunächst unterstanden die Radfahrkompanien den Jägerbataillonen in Infanterie- und Kavalleriedivisionen oder anderen Verbänden. Sie wurden in Abhängigkeit von der taktischen Lage bei Bedarf zu Bataillonen und größeren Verbänden zusammengefasst. Schon seit Kriegsbeginn kämpften zeitweilig aufgestellte Radfahr-Abteilungen in Frankreich, so beim X. Reservekorps bei Esterney und beim Gardekorps an der Seine. Im Sommer 1916 nahm man die Aufstellung von acht Radfahrbataillonen in Angriff, die jeweils in sechs Radfahr- und eine Maschinengewehr-Kompanie gegliedert waren. So bestand beispielsweise das Radfahrbataillon 1 im August 1916 aus den 2. Radfahrkompanien des Garde-Jäger- und des Garde-Schützenbataillons sowie der Jägerbataillone 9 und 10. Das Marinekorps Flandern verfügte 1916 über fünf Radfahrbataillone. In diesem Jahr formierte man drei, 1918 sechs weitere Radfahr-Brigaden. Ihr Einsatz erfolgte hauptsächlich an der Ostfront, u.a. auf der Insel Oesel, auf dem Vormarsch nach Livland und in Finnland. Zum Kriegsende wurden zwei Radfahrregimenter zusammengestellt.
Der Einsatz von Radfahrereinheiten erfolgte im Ersten Weltkrieg zum Überbringen von Nachrichten, Meldungen und Befehlen zwischen Führern und Truppe sowie einzelner Kolonnen beim Marsch, zum Herstellen von Nachrichtenverbindungen sowie dem Verlegen von Telegrafen- und Feldtelefonleitungen. Außerdem dienten sie dem Herausholen von Verpflegungs- und Bagagewagen aus den Kolonnen sowie, sehr wichtig, zur Verteilung der Feldpost. Daneben ermöglichten ihnen ihre hohe Beweglichkeit und die möglichen großen Marschleistungen auch den Kampfeinsatz als leichte Infanterie.

Der Radfahrer von Brzeziny. Eine Radfahrpatrouille im Ersten Weltkrieg

Paul Alkenings (geb. 23. März 1892) war Ausbilder an der Unteroffiziersschule Potsdam, deren Personal bei der Mobilmachung im August 1914 zum Lehr-Infanterie-Regiment Potsdam hinzugezogen wird. Im Oktober 1914 wurde die Radfahr-Abteilung der 3. Garde-Infanterie-Division gebildet, zu der sich Alkenings freiwillig meldet. Sein 1936 in Buchform veröffentlichter Bericht über seine Erlebnisse in der Durchbruchschlacht von Brzeziny im November 1914 zeigt, zu welchen Leistungen Radfahrer in der Hand entschlossener Führer im Melde- und Patrouillendienst fähig sind.

In der zweiten Novemberhälfte 1914 war die Armeeabteilung des Generals von Scheffer-Byoadel – XXV. Reserve-Korps, 3. Garde-Infanterie-Division, Kavalleriekorps von Richthofen – eingeschlossen worden. Nur an einer Stelle war ein Ausbruch aus dem Kessel möglich.

Die Reste der Radfahrabteilung des Verbandes unter Führung des 22jährigen Unteroffiziers Paul Alkenings erhielten am Abend des 23. November 1914 den Befehl, dem Kommandierenden General des XXV. Reserve-Korps die schriftliche Lagemeldung zu überbringen. „Zu ihrer persönlichen Sicherheit erhalten Sie sechs Radfahrer, außerdem fährt die zweite Radfahrpatrouille mit einem Unteroffizier und drei Radfahrern ... mit ihnen bis zur Eisenbahn Lodz – Galkow. Bis dahin haben Sie den Befehl über beide Patrouillen“, sagte man ihm.

Die beiden Patrouillen begaben sich auf den mit vielen Hindernissen gepflasterten, etwa 20 km langen Weg, ständig begleitet von der Gefahr des Zusammentreffens mit russischen Kavalleriepatrouillen. Die Russen bezeichneten die deutschen Radfahrer, vor denen sie immer – so schreibt es Alkenings – „eine gewisse Heidenangst hatten“, als „Blitzsoldaten“.

Die Patrouille wurde mehrfach entdeckt, beschossen und verfolgt. Zuletzt war Alkenings nur noch mit einem Gefreiten unterwegs, dem er folgende Anweisung gab: „Folgen Sie mir mit fünfzig Meter Abstand und achten Sie genau auf meine Weisungen. Gerate ich mit den Russen aneinander, wehre ich mich und versuche die Meldung durch Verschlucken zu vernichten; wenn ich gleich falle, nehmen Sie Deckung und beobachten, ... ob die Meldung bei mir gefunden wird. Sie versuchen sich dann nach Brzeziny durchzuschlagen und teilen diesen Vorfall der Division mit.“ Die beiden beenden die Patrouille erfolgreich. „Ich trat nun meinen Vormarsch nach Süden an, das Rad führend, Gewehr schußbereit auf dem Rade liegend“, vorbei an den Toten der Gefechte vom Vorabend. Auf seinem Weg orientierte es sich an den Schrapnellwolken am Himmel, die ihm zeigten, wo die deutschen und russischen Stellungen sein konnten. In Chrsty-Stare traf er am 24. November endlich auf den Stab des XXV. Reserve-Korps. „Ich trat auf ihn (den Kommandierenden General von Scheffer-Byoadel – d.V.) zu, schlug meine Absätze zusammen und sagte mit lauter Stimme: „Meldung von der 3. Garde-Infanterie-Division, Exzellenz Litzmann.“ Mit einem Ruck flogen alle Köpfe hoch, die Herren traten näher zusammen, um Exzellenz und mich einen offenen Halbkreis bildend. ... Exzellenz beugte sich nach vorn, sah mich mit großen erstaunten Augen an. ... „Was, von der verschollenen 3. Garde-Infanterie-Division kommen Sie, von der ich seit gestern abend ohne jede Nachricht bin?“ ... Ein frohes und glückliches Aufleuchten ging über das Gesicht von Exzellenz.“

Das XXV. Reserve-Korps konnte sich aus der Umzingelung befreien und in der gleichen Richtung wie die Division von Litzmann durchbrechen.

Am 24. Dezember 1914 wurde die Tat im Stab der 3. Garde-Infanterie-Division gewürdigt. „Spät abends traf ich in Skiernewice ein und meldete mich bei Exzellenz von Scheffer. Exzellenz war von großer Güte und Liebenswürdigkeit und überreichte mir im Namen des Kaisers das Eiserne Kreuz I. Klasse, dabei nochmals seinen Dank und Glückwunsch aussprechend.“

Erzählt nach: Die berühmteste Radfahrpatrouille des Weltkrieges. Herausgegeben von Fr. Th. Gruss. Berlin 1936.

Deutsche Radfahr-Kompanien im Weltkrieg

„Der Einsatz [der Radfahrer – d.V.] … hat die im Frieden in diese Truppe gesetzten Erwartungen voll erfüllt. Schon am 3.9.14 zeichnete sich beim deutschen Heere die 1. Radfahr-Kompanie des Garde-Schützen-Bataillons als Vorhut der die Franzosen verfolgenden 5. Kavalleriedivision durch Überfall auf eine französische Brückenkopfbesatzung bei Mont St. Père unweit Château Thierry an der Marne aus. Erfolgreiche Verwendung in der Verfolgung fanden ferner am 6.9.14 Radfahrabteilungen zusammen mit der Kavallerie beim X. Reservekorps bei Esternay und beim Gardekorps gegen die Seine, sowie im Oktober 1914 durch das Radfahrbataillon der Garde-Reservedivision gegen La Bassée und Bethune. Auch im Osten wurden 1914 bei der Verfolgung gegen Gumbinnen und Eydtkuhnen Radfahrer eingesetzt. Bei der schnellen Inbesitznahme wichtiger Örtlichkeiten wirkten ebenfalls verschiedene Radfahrer mit. So verhinderte eine deutsche Radfahrabteilung mit Kavallerie am 30.8.1914 die Sprengung der Oise-Brücke bei Ribécourt und hielt den Übergang für Heereskavalleriekorps von Richthofen frei. In der Schlacht an der Aisne 1914 hielt ein aus sechs Kompagnien bestehendes Radfahrbataillon den Abschnitt von Czerny südlich Laon vom 14. bis 23.9. frei. Bei den Operationen der deutschen Heereskavallerie auf dem rechten Flügel fanden immer wieder Radfahrertruppen nützliche Verwendung. … Die Sicherung der Kavalleriekörper wurde oft durch ihre Radfahrertruppen ausgeführt. Radfahrer deckten den Übergang der 4. Kavalleriedivision über die Oise bei Longueil am 31.8.1914 und sicherten die Flanke des Heereskavalleriekorps von der Marwitz am 8.9.14 bei Mary-Liey. Bei der Bahnzerstörung der Linie Gent-Courtrai bei Wareghem und der Scheldebrückensprengung bei Orrois im Oktober 1914 waren Radfahrerkompagnien beteiligt. Die Verschleierung des Rechtsabmarsches der Armee von Kluck durch Vorstoß der 9. Kavalleriedivision wurde durch ein Radfahrerbataillon gegen Rozoyam 6.9.14 unterstützt. Ein Radfahrerrelais wurde 1914 zwischen dem Armeeoberkommando Kjelce und dem Kommando der Kavalleriedivision in Wola Jacklowa eingerichtet. Besondere Beachtung verdient die vielseitige Ausnutzung der deutschen 2. Infanterie-(Radfahrer-)Brigade u.a. in der Durchbruchsschlacht am Sturduk in Rumänien im November 1916 und beim Heereskavalleriekorps von Schmettow im Januar 1917 gegen Ende des rumänischen Feldzuges. Die Brigade hatte ferner hervorragenden Anteil im Verbande der 42. Infanteriedivision beim Angriff auf die Inseln Ösel und Moon im Herbst 1917 und bei der Einnahme von Reval im Februar 1918. … und in einem diese Leistungen der 2. Infanterie-(Radfahrer-)Brigade besonders hervorhebenden Korpstagesbefehl wurde bei Aufzählung der erfolgreichen Gefechtshandlungen der einzelnen Radfahrerbataillone erwähnt, daß auch Tankangriffe von ihnen abgewehrt worden seien. Erst am 17.11.1918 wurde die Brigade auf Grund ihrer großen Verluste hinter die Front zurückgenommen. Auch im Straßensicherungsdienst und im Polizeidienst fanden Radfahrertruppen vielfache Verwendung, wenngleich diese Tätigkeit dem geschilderten hohen Gefechtswert dieser Truppen nicht gerecht wurde. Bemerkenswert ist schließlich, daß dem Generalgouvernement in Belgien im Jahre 1917 gegen Abgabe einer Schwadron eine 2. Infanterie-(Radfahrerkompagnie (Nr. 62) überwiesen wurde. …

Nach solchen Kriegserfahrungen erscheint die B e i b e h a l t u n g v o n R a d f a h r e r t r u p p e n bei einer großen Anzahl europäischer Militärmächte auch nach dem Siegeszug der Motorisierung durchaus g e r e c h t f e r t i g t."

Zitiert nach: Franke, Hermann. Radfahrertruppen. In: Handbuch der neuzeitlichen Wehrwissenschaften. Bd. 2: Das Heer, Berlin 1937, S. 598 ff.

Angehörige der 2. Kompanie des Landsturm-Infanteriebataillons Dresden. Bei dem Meldefahrrad handelt es sich um ein Modell der Firma Haenel (Suhl).

Der Soldat Otto Stein, im zivilen Leben Dreher, wurde bereits im April 1914 eingezogen und diente als Waffenmeistergehilfe in der Radfahrer-Kompanie 58 (58. Infanterie-Division). Die Aufnahme entstand im Sommer 1915 in Russland.

Arbeiter der Emil-Adolff-Spinnereihülsen- und Spulenfabrik in Reutlingen als Kriegsfreiwilliger im September 1915. Beachte die Gewehrhalterung am Fahrrad. (© Wirtschaftsarchiv Baden-Württemberg, Signatur Y 002)

AUFGABEN DER RADFAHRKOMPANIEN ***1914***

- *im Vorpostendienst, als Vorausabteilung, z.B. zum Quartiermachen,*
- *als taktische Reserve der höheren Führung zum Einsatz an Brennpunkten des Kampffeldes*
- *im Aufklärungsdienst, als Spähtrupps,*
- *zur raschen Besetzung wichtiger Punkte,*
- *bei Überraschungsangriffen in den Flanken und im Rücken des Gegners,*
- *bei Stör- und Ablenkungsangriffen,*
- *zur Verfolgung fliehender Feinde,*
- *zur Sicherung des Rückzuges eigener Kräfte,*
- *für selbständige Unternehmungen des »kleinen Krieges«: Zerstörung von feindlichen Eisenbahnen, Brücken, Nachrichtenverbindungen (Telegrafenlinien), Überfälle auf feindliche Posten, Abteilungen in Ruhe, Trainkolonnen, Etappenstationen.*

Beweglichkeit und erhöhte Feuerkraft

Durch die Zuteilung von Maschinengewehren konnte die Kampfkraft von Radfahrformationen erheblich gesteigert werden. Folgerichtig erschien im März 1918 die Vorschrift *D.V.E. No. 452. Ausrüstungsnachweisung für einen l.M.G.-Trupp einer Radfahrkompagnie zu 3 M.G. 08/18 auf Fahrrädern (mit Sondergerät)*. Danach wurde ein Maschinengewehr mit Munition und Zubehör auf den fünf Fahrrädern eines lMG-Trupps verteilt.

Über den Einsatz von Fahrrädern im Rahmen der Schutztruppen in den Kolonien liegen kaum Informationen vor. Der Kommandeur der Schutztruppe für Deutsch-Ostafrika, Generalmajor Paul von Lettow-Vorbeck, beschreibt in seinen *Erinnerungen aus Ostafrika* eine Episode aus dem August 1914, als ein Gefecht mit britischen Truppen bei Handeni erwartet wurde. Ein Kommando unter seiner Führung folgte den bereits in Marsch gesetzten Soldaten mit zwei requirierten Fahrzeugen. Als diese wegen des schlechten Zustandes der Straße stehengelassen werden mussten, fuhren der General und sein persönlicher Adjutant, Hauptmann Freiherr von Hammerstein, auf Fahrrädern weiter und überholten nach und nach die marschierenden Kompanien. Mehrfach berichtet Lettow-Vorbeck in seinen Erinnerungen von Offizierspatrouillen, die – meist unter seiner Führung – Fahrräder für die Aufklärung nutzten. Die Angewohnheit Lettow-Vorbecks, auch sonst allein mit dem Fahrrad Erkundungstouren zu unternehmen, war bei der Schutztruppe allgemein bekannt.
Überlieferte Fotografien zeigen mitunter Angehörige der Schutztruppe mit Fahrrädern. Zu ihrer Herkunft finden sich keine Angaben, ebenso wenig zu der Frage, ob und in welchem Umfang Armeefahrräder für den Einsatz in den Kolonien beschafft wurden.
In den Auswertungen der Kriegserfahrungen aus dem Ersten Weltkrieg spielten in den folgenden Jahren auch Radfahrtruppen eine Rolle.

Bedienung eines M. G. 08/18 (ohne Schützen 4) der *l.* M. G.-Trupps einer Radfahrer-Kompagnie.

Im März 1918 erschien die Vorschrift für einen leichten Maschinengewehr-Trupp einer Radfahrer-Kompanie zu drei MG 08/18. Im Bild die Fahrräder des Gewehrführers, des Richtschützen sowie der MG-Schützen 1, 3 und 4. (© Hauptstaatsarchiv Stuttgart, Signatur M 635-1 Nr. 813)

Fahrradbewegliche Landsturm-Einheit in Flandern. Aufnahme von 1914/1915.

Zeitgenössische Darstellung einer deutschen Radfahrer-Patrouille mit gefangenen Franzosen.

1. Radfahrer-Kompanie des Marinekorps Flandern. Nach der Kriegsgliederung 1916 unterstanden dem Korps fünf Radfahrer-Bataillone und zwei selbständige Radfahrer-Kompanien, um die weitläufigen Küstenabschnitte als bewegliche Eingreifreserve zu sichern.

Fahrradappell im Abschnitt des 12. Reserve-Korps in Doutrien, südlich von Reims. Aufnahme vom Herbst 1914.

Unteroffizier des Infanterie-Regimentes 44. Das Regiment gehörte zur 2. Infanterie-Division und war bis November 1917 im Osten eingesetzt.

Erinnerungsfoto von Angehörigen des Landsturm-Bataillons 14 (XXV. Armeekorps) mit Fahrrad.

Fahrradproduktion

Im Sommer 1914 traten Fahrradhersteller und -Großhändler angesichts der drohenden Kriegsgefahr mit Offerten an die Militärverwaltung heran. Die Firma Max Beiner in München hatte z.B. für den Fall der Mobilmachung bis zu 2000 Fahrräder auf Lager. Zunehmende Sorgen machte wegen unterschiedlicher Modelle die Versorgung mit Ersatzteilen. So hatte Bayern beispielsweise für den Landsturm 1100 Räder von 87 Lieferanten beschafft.

Im Kriegsverlauf ging die Produktion von Fahrrädern zurück. Dafür gab es hauptsächlich zwei Gründe. Der erste war der Mangel an Kautschuk und anderen Rohstoffen. Ab Sommer 1917 wurden z.B. Fahrradsattel mit Satteldecken aus starkem Papiergewebe erprobt. Sie haben sich nicht bewährt; eine Entscheidung über ihre Beschaffung wurde unter dem Gesichtspunkt, dass noch ausreichend Ledersättel vorhanden waren, vertagt.

Der zweite Grund für sinkende Produktionszahlen war die Einbeziehung vieler Fahrradfirmen in die Fertigung anderer Rüstungsgüter. Ein Beispiel hierfür ist die Herstellung von Gewehren 98. Da die laufende Produktion den Bedarf an der Front nicht decken konnte, erfolgte in den staatlichen Gewehrfabriken der Zusammenbau der 67 einzelnen Teile des Gewehrs, die ab Juli 1915 in etwa 100 Fabriken hergestellt wurden. Darunter befanden sich auch Fahrradfirmen. Sie verfügten sowohl über die für die Massenproduktion notwendigen Präzisionsmaschinen als auch über qualifizierte Ingenieure und erfahrene Arbeiter.

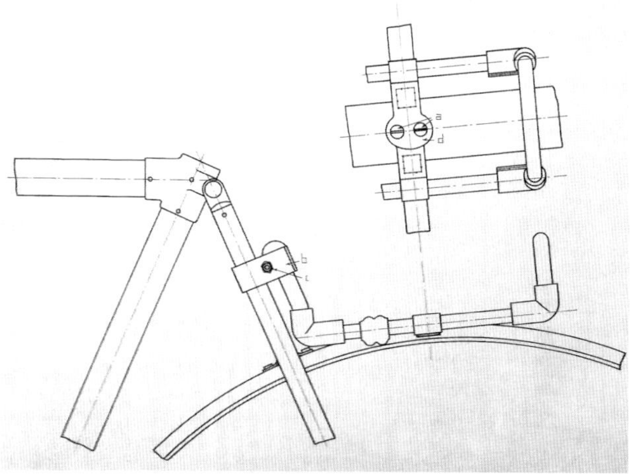

Erinnerungsbild von Soldaten einer Radfahrer-Kompanie. Auf den hinteren Schutzblechen der Fahrräder sind die Kochgeschirr-Halterungen zu erkennen, die der Zeichnung des Infanterie-Konstruktionsbüros Spandau vom Oktober 1908 entsprechen.

Erinnerungsfoto von Soldaten einer Kraftfahr-Abteilung des Heeres. Sie warten auf die Eisenbahnverladung. Vor ihnen ein Melder mit einem als B-Rad gekennzeichneten Armeefahrrad 99, hinter ihnen ein Subventions-Lastkraftwagen Opel. Aufnahme von 1916.

Fahrradbereifungen.

Die durch Verordnung des Kriegsministeriums beschlagnahmten und nicht abgelieferten Fahrradbereifungen werden werktäglich in der Zeit von 9 bis 2 Uhr

noch bis zum 5. Mai ds. Js.

in der Sammelstelle

Stadthaus, Stralauer Straße 15-22
Einfahrt I, Hof rechts, Kellergeschoß

angenommen.

Die schleunige Ablieferung ist dringend erforderlich.

Zuwiderhandlungen gegen die Verordnung des Kriegsministeriums sind mit erheblichen Strafen bedroht.

Berlin, den 2. Mai 1917.

Der Magistratskommissar für Militärangelegenheiten
(Metallabteilung)
Hausse, Stadtrat.

Tgb.-Nr. 617 Samm.-Met. 17.

(© MHM Dresden, Signatur BAAN9339)

Teile einer Radfahrer-Kompanie im Kampf mit Rotgardisten an einer Bahnstation im Baltikum. Aufnahme von 1918.

Erinnerungsfoto vom Schießplatz Jüterbog. Aufnahme vom Mai 1918.

Fahrrad-Krankentrage zum Verwundetentransport, eine Entwicklung der Technischen Hochschule Karlsruhe.

Von Soldaten an der Front unter Verwendung von Fahrradteilen hergestellte Krankentrage. Aufnahme aus dem Jahr 1917.

Kriegsversehrter Arbeiter mit künstlichen Händen und Füßen auf Fahrrad (vermutlich Triumph Werke Nürnberg). Im Ersten Weltkrieg hatten allein in Deutschland 66.953 Männer Gliedmaßen verloren, darunter 15.503 einen oder beide Arme, 24.145 ein oder beide Beine.

In den Lazaretten spielte das Fahrrad eine wichtige Rolle bei der Betreuung kriegsversehrter Soldaten mit künstlichen Gliedmaßen.

3.3 Das Fahrrad zwischen den Weltkriegen

Fahrräder hatten ihre Kriegsbrauchbarkeit im Ersten Weltkrieg – im Einsatz sowohl für Truppenradfahrer als auch für Radfahrtruppen – bewiesen. Ihre Beibehaltung erschien auch angesichts der zunehmenden Motorisierung gerechtfertigt. Im Unterschied zu anderen Ländern war ihr weiterer Einsatz in der Weimarer Republik jedoch zunächst nur begrenzt möglich. In dem am 28. Juni 1919 unterzeichneten Versailler Vertrag war im Teil V (*Bestimmungen über Landheer, Seemacht und Luftfahrt*, Artikel 160), die Zusammensetzung und Stärke aller Truppengliederungen von den Vertretern der Siegermächte genau vorgeschrieben. Danach waren Radfahrertruppen weder für die sieben Infanterie- noch für die drei Kavalleriedivisionen der Reichswehr vorgesehen. Gestattet waren Fahrräder nur für Melder, Adjutanten und Verpflegungsoffiziere.

Die meisten Radfahr-Kompanien wurden nach Kriegsende aufgelöst. Einige kämpften im Bestand von Freikorps-Einheiten weiter. So besaß das am 26. Dezember 1918 gebildete Freikorps Hülsen in jedem seiner beiden Detachements (unter Graf von Stillfried und Oberst von Oven) jeweils eine Radfahr-Kompanie. Es wurde später als Reichswehr-Brigade 3 in die Vorläufige Reichswehr übernommen.

Die Unterkunftsorte der verbleibenden 21 Radfahr-Kompanien für die Übergangszeit bis zur endgültigen Umsetzung der Bestimmungen des Versailler Vertrages legte man im Januar 1920[1] fest (siehe Tabelle unten):

Am 20. Mai 1921 erfolgte die Veröffentlichung der nach den Bestimmungen der Siegermächte endgültig erlaubten Ausstattung mit Fahrrädern[2] (siehe Tabelle rechts:).

1 Heeresverordnungsblatt Nr. 8 vom 24.1.1920, S. 99, Nr. 172

2 Heeresverordnungsblatt Nr. 24 vom 20. Mai 1921 S. 191 ff. Nr. 307

Einheit	untersteht Reichswehrbrigade	Unterkunftsort	
		1919	1920
Radfahr-Kompanie 1	1	Labiau [Ostpreußen]	
Radfahr-Kompanie 4	2	Neustettin [Hinterpommern]	
Radfahr-Kompanie 5	3	Potsdam	
Radfahr-Kompanie 7	4	Stendal	
Radfahr-Kompanie 9	5	Züllichau	Frankfurt/Oder
Radfahr-Kompanie 11	6	Lüben	Wohlau [Schlesien]
Radfahr-Kompanie 13	7	Bückeburg	
Radfahr-Kompanie 15	8	Leobschütz bzw. Neumittelwalde	Leobschütz bzw. Festenberg [Schlesien]
Radfahr-Kompanie 17	9	Wismar	Ratzeburg
Radfahr-Kompanie 20	10	Goslar	
Radfahr-Kompanie 22	11	Marburg	
Radfahr-Eskadron 111	11	Wetzlar	
Radfahr-Kompanie 26	13	Weingarten	
Radfahr-Kompanie 29	15	Lübben	
Radfahr-Kompanie 31	16	Naumburg	
Radfahr-Kompanie 37	19	Freiberg	Leisnig
Radfahr-Kompanie 39	20	Ortelsburg	Quittainen [Ostpreußen]
Radfahr-Kompanie 41	21	München	
Radfahr-Kompanie 42	21	Augsburg	
Radfahr-Kompanie 47	24	Nürnberg-Fürth	Nürnberg

Zulässige Ausstattung mit Fahrrädern	Anzahl der Fahrräder je Einheit	Anzahl der Einheiten	Gesamtzahl Fahrräder
Stab eines Armeekorps (Gruppenkommandos)	7	2	14
Stab einer Infanterie-Division (Wehrkreiskommando)	6	7	42
Stab eines Infanterieführers	5	7	35
Stab eines Artillerieführers	5	7	35
Stab eines Infanterie-Regiments	4	21	84
Stab eines Infanterie-Bataillons (mit Ausbildungskompanie)	2	84	168
Infanterie-Kompanie	4	252	1008
Infanterie-Maschinengewehr-Kompanie	3	63	189
Infanterie-Ergänzungs-Kompanie	5	21	105
Minenwerfer-Kompanie	9	21	189
Eskadron bei einer Infanterie-Division	2	7	14
Stab eines Feldartillerie-Regiments	4	7	28
Stab einer fahrenden Artillerieabteilung	5	3	15
Fahrende Batterie	4	3	12
Kraftwagen-Batterie	1	7	7
Ergänzungs-Batterie eines Artillerie-Regiments	15	7	105
Stab eines Pionier-Bataillons	1	7	7
Pionier-Kompanie	8	14	112
Brückenkolonne	4	7	28
Scheinwerferzug	2	7	14
Stab einer Nachrichten-Abteilung	0 / 40*	7	280
Nachrichtenkompanie mit Brieftaubenzug	13	7	91
Divisions-Sanitäts-Abteilung	0 / 3*	7	21
Divisionsparks und -Kolonnen. Fahr-Abteilung	10	7	70
Divisionsparks und -Kolonnen. Kraftfahr-Abteilung	14	7	98
Stab einer Kavallerie-Division	3	3	9
Stab eines Reiter-Regiments	0 / 6*	18	108
Kavallerie- Eskadron	2	72	144
Ergänzungseskadron eines Reiter-Regiments	2	18	36
Stab einer reitenden Artillerie-Abteilung	3	3	9
Reitende Batterie	4	9	36
Infanterieschule	160	1	160
Artillerieschule	62	1	62
Kavallerieschule	75	1	75
Pionierschule	10	1	10
Nachtrag vom September 1921 (Heeresverordnungsblatt Nr. 4 vom 3. Februar 1921,S. 23, Nr. 57)			
Ministerium			20
Kommandanturen (11) und Standort Dresden			38
Truppenübungsplätze (11)			22
Schießplätze Jüterbog und Kummersdorf			4
Pionierübungsplatz Sperenberg			2
Inspektion für Waffen und Gerät			5
Veterinäruntersuchungsamt und Veterinärdepot			2
Lehrschmieden (3)			3
Summe			3.516

* nachträglich (ab 17.6.1921 bzw. 22.9.1921) zugewiesen

Melder mit Fahrrädern und Motorrad (Mitte), rechts ein Heeresarbeiter mit Luftpumpe. Auffällig sind die Umhänge. Diese gab es schon seit dem Ersten Weltkrieg. Sie sollten etwa 10 cm über das Knie reichen und waren innen mit zwei schräg eingesetzten Schlaufen zum Durchstecken der Arme versehen. Bis 1932 waren sie aus imprägniertem Tuch, danach aus wasserdichtem Windjackenstoff.

Fahrradbewegliche Teile eines Bataillonsstabes auf einem Pioniersteg beim Überwinden eines Wasserlaufes. Postkarte aus der Reichswehr-Zeit.

Panzerattrappen – aus Holzbrettern, imprägnierter Leinwand und Blech zusammengesetzte Hauben auf Dreirädern. Sie ersetzten in der Reichswehr die nach den Bestimmungen des Versailler Vertrages verbotenen Panzerkampfwagen.

Radfahr-Kompanie der Infanterieschule Dresden bei einem Manöver in Thüringen im Jahr 1925. Die große Zahl der an den Schulen zugelassenen Fahrräder bot die einzige Möglichkeit, den Einsatz fahrradbeweglicher Einheiten zu üben. (© MHM Dresden, Signatur BBAX7937)

Fahrrad eines Melders neben einem leichten Funkwagen. Aufnahme vom Manöver der 4. Division (Wehrkreis IV, Dresden) bei Naumburg im Jahr 1927.

Radfahrer-Patrouille beim Ablassen einer Brieftaubenmeldung. Auf dem Marsch wurden Brieftaubenschläge auf Rückentragen mitgeführt.

Bereits im Februar 1921[3] musste die Nutzung der verbliebenen Fahrräder auf Grund des geringen Bestandes, des schlechten Zustandes vieler Fahrräder sowie der hohen Kosten für die Neubeschaffung kompletter Räder und Ersatzteile auf ein Mindestmaß eingeschränkt werden. In Standorten und zu Ordonnanzzwecken war es nur noch gestattet, die Hälfte der nach der Stärkenachweisung zustehenden Fahrräder zu benutzten und das auch nur bei großen Entfernungen und gebotener Eile. Alle anderen Räder durften lediglich bei Übungen und gefechtsmäßiger Ausbildung verwendet werden. Außerdem waren die durch die Herabsetzung der Heeresstärke frei gewordenen Fahrräder – wie auch alles andere Heeresgerät – spätestens bis Ende März 1921 an die Reichstreuhandgesellschaft[4] abzugeben[5].

Als einzige Ausnahme unterlag die Nutzung von Fahrrädern zur Ausbildung der Infanteriekompanien mit Fahrrädern und an den Schulen zunächst keiner Beschränkung. Dabei blieb es aber nicht. Am 18. Mai 1921[6] wurde die Umwandlung der Infanterie-Kompanien mit Fahrrädern in Infanterie-Kompanien bekanntgegeben. Die dadurch freiwerdenden Fahrräder mussten an das nächstgelegene Zeughaus abgegeben werden. Mit den für die Schulen zugelassenen Fahrrädern blieb der Reichswehr die Möglichkeit, jederzeit Personal als Kern für zukünftige fahrradbewegliche Einheiten auszubilden.

Eine weitere Ausnahme: Fahrräder gab es auch in den Infanterieregimentern (je 93 Stück). Sie durften aber nur für den Meldedienst genutzt werden. Damit konnte man »... einen Teil der Radfahrer des Regiments mit M.G.-Begleitzügen zu einer Abteilung zusammenfassen, um vorn gelegene, wichtige Punkte rasch zu besetzen«, wie es in der *Ausbildungsvorschrift für die Infanterie*, Heft V *Infanteriebataillone. Infanterieregimenter* von 1922 hieß. Man wollte nicht auf den Einsatz von Einheiten auf Fahrrädern verzichten.

Klar war, dass der Faktor Bewegung in einem Zukunftskrieg eine größere Rolle spielen sollte, um dem Dilemma des Stellungskrieges zu entgehen. Einen Ausweg bot die Heeresmotorisierung. In dieser Frage waren der Reichswehrführung durch die Bestimmungen des Versailler Vertrages wie auch die geringen Haushaltmittel die Hände gebunden. So verwundert es nicht, dass sie stärker als die anderen Armeen an dem Gedanken fahrradbeweglicher Truppen festhielt. Vor allem die niedrigen Beschaffungskosten für Fahrräder überzeugten. Am 1. September 1921 erschien die vom Chef der Heeresleitung, General Hans von Seeckt, herausgegebene erste und wichtigste Dienstvorschrift nach Ende des Ersten Weltkrieges[7], in der die Führungsgrundsätze aus verschiedenen Instruktionen und Vorschriften unter Auswertung der Kriegserfahrungen zusammenfasst waren. Dabei spielten Radfahrer eine wichtige Rolle. Ihre Aufgaben waren nicht grundsätzlich neu. Truppenradfahrer übermittelten Befehle und Nachrichten, wirkten im Vorpostendienst, zogen Fahrzeuge aus den Trosskolonnen und regelten den Kolonnen- und Kraftwagenverkehr auf stark belegten Marschstraßen. Die Aufgaben von Radfahrverbänden, häufig im Zusammenspiel mit der Kavallerie, waren andere.

1925 erschien in einem Berliner Verlag die Schrift der beiden Österreicher Rudolf Theiss[8] und Oskar Regele[9] *Die Radfahrtruppe*. Die darin behandelten Themen (Grundsätze für die Verwendung und Führung, Organisation, Bekleidung, Bewaffnung, Ausrüstung, Ausbildung) unterschieden sich nicht grundsätzlich von den Vorstellungen des deutschen Militärs. Und sie betonten einen wichtigen Aspekt der Kriegführung – Zeit.

Als geeignetster Verband wurde das Radfahrbataillon

3 Heeresverordnungsblatt Nr. 4 vom 3. Februar 1921, S. 23, Nr. 57

4 Zur Verwaltung und Verwertung der durch die Demobilmachung frei gewordenen und der durch die Umsetzung der Bestimmungen des Versailler Vertrages nicht mehr benötigten Militär- und sonstigen reichseigenen Güter im In- und Ausland war im November 1919 das Reichsverwertungsamt gebildet wurden Die Ende Januar 1920 gegründete Reichstreuhandgesellschaft war für die kaufmännische Seite zuständig.

5 Heeresverordnungsblatt Nr. 6 vom 18.2.1921, S. 41, Nr. 91

6 Heeresverordnungsblatt Nr. 23 vom 18. Mai 1921, S. 187, Nr. 297

7 H.Dv. 487. Führung und Gefecht der verbundenen Waffen. Teil 1. Vom 1.9.1921. Der zweite Teil erschien am 20.6.1923.

8 Theiss dient im Ersten Weltkrieg im k.u.k. Radfahr-Jägerbataillon Nr. 1, nach dem Krieg im Radfahr-Bataillon Nr. 2 des österreichischen Bundesheeres. Nach dem Anschluss Österreichs 1938 wird er von der Wehrmacht in die Panzertruppen übernommen. 1941 erfolgt seine Ernennung zum Generalmajor.

9 Regele diente nach dem Ersten Weltkrieg ebenfalls im österreichischen Radfahr-Bataillon Nr. 2, wird 1938 nicht von der Wehrmacht übernommen. Nach 1945 wird er der Leiter des Wiener Kriegsarchivs, 1963 Generalmajor der Reserve.

Kriegsstand eines Radfahrbataillons.

	Kmdt. (Offizier)	Adjutant	Offiziere	Unteroffiziere	Wirtschaftsoffizier	Wirtsch.-Unteroffz.	Rechn.-Offizier	Arzt	Sanitäts-Unteroffz.	Sanitätsgehilfe	Ober-Mechaniker	Mechaniker	Ober-Waffenmstr.	Waffenmeister	Dienstführender	Wagenlenker	Wagenlenkergehilfe	Bote zu Motorrad	Bote zu Rad (1 = Trompeter)	Schuster u. Schneider	Schreiber	Köche	Feldjäger	Infanteriegewehre	Pistolen	Maschinengewehre	Räder	Motorräder	Personenkraftwag.	Küchenkraftwagen	Werkstättenkraftw.	2,5-t-Kraftwagen	Fahrradkraftwagen	1,5-t-Mun.-Wagen	San.-Kraftwagen	Summe
Stab u. Stabszug	1	2	—	—	1	1	1	2	1	4	1	—	1	—	1	1	—	6	1	2	3	2	—	14	16	—	24	6	1	—	—	—	—	—	—	7/23/6/24
Nachricht.-Zug	1	—	—	7	—	—	—	—	—	—	—	—	—	—	—	—	—	—	—	—	—	—	18	24	2	—	26	—	—	—	—	—	—	—	—	1/25/0/26
Pionier-zug	1	—	—	6	—	—	—	—	—	1	—	1	—	—	—			—	—	—	—	—	24	29	4	—	33	—	—	—	—	—	—	—	—	1/32/0/33
1. Komp.	1	—	4	16	—	1	—	—	1	2	—	2	—	1	1	1	1	1	5	2	1	2	70	93	19	3	109	1	—	—	—	—	—	1	—	5/107/1/109
2. Komp.	1	—	4	16	—	1	—	—	1	2	—	2	—	1	1	1	1	1	5	2	1	2	70	93	19	3	109	1	—	—	—	—	—	1	—	5/107/1/109
3. Komp.	1	—	4	16	—	1	—	—	1	2	—	2	—	1	1	1	1	1	5	2	1	2	70	93	19	3	109	1	—	—	—	—	—	1	—	5/107/1/109
M. G. K.	1	—	4	16	—	1	—	—	1	2	—	2	—	2	2	2	2	1	5	2	1	2	80	90	34	8	119	1	—	—	—	—	—	2	—	5/119/1/119
Troß Gef.	—	—	—	—	—	—	—	—	—	—	—	—	—	—	—	5	5	—	—	—	—	—	—	10	—	—	—	—	—	1	—	1	2	—	1	1/22/1/0
Troß V.	1	—	—	—	—	—	—	—	—	—	—	—	—	—	—	2	1	1	—	—	—	—	—	4	1	—	—	1	1	—	—	1	—	—	—	
Troß Gep.	—	—	—	—	—	—	—	—	—	—	—	—	—	—	—	4	4	—	—	—	—	—	—	8	—	—	—	—	—	—	1	3	—	—	—	
Summe	8	2	16	77	1	5	1	2	5	13	1	9	1	4	5	17	15	11	21	10	7	10	332	458	114	17	529	11	2	1	1	5	2	5	1	

= 26 Offiziere, 2 Ärzte, 1 Wirtschafts-Offizier, 1 Rechnungs-Offizier, 542 Mann, 458 Gewehre, 114 Pistolen, 17 M.G., 11 Motorräder, 529 Räder, 17 Kraftwagen { = 572 Personen

Personal und Ausrüstung eines Radfahrbataillons für den Kriegsfall nach den Vorstellungen aus der Mitte der 1920er Jahre.

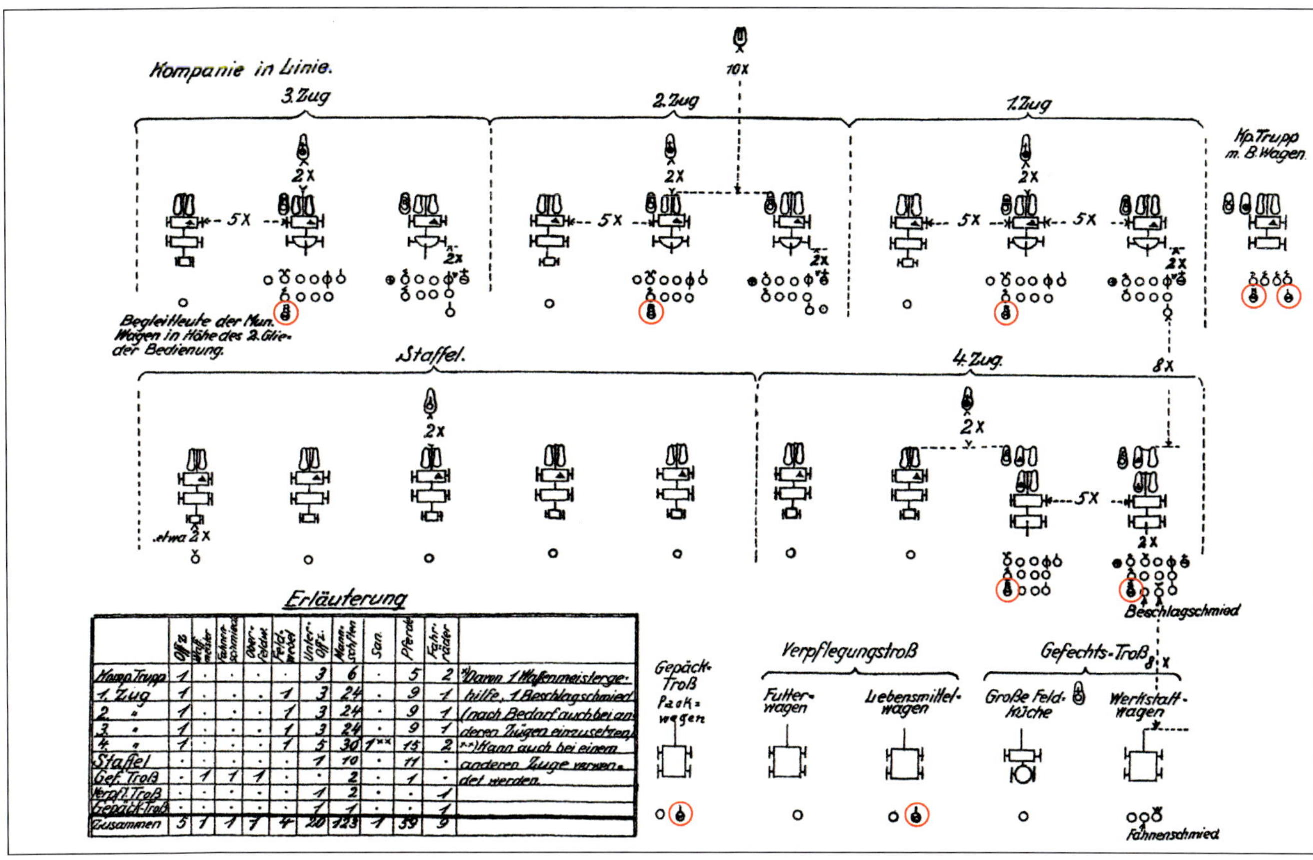

Aufstellung einer Minenwerfer-Kompanie. Die Reichswehr verfügte über 21 Minenwerfer-Kompanien, von denen jeder neun Fahrräder zustanden.

Fertigungs-Bedingungen für ein marktgängiges Truppen-Fahrrad

1. R a h m e n : Nicht über 560 mm hoch, gemessen von Mitte Tretlager bis Oberkante Sitzrohr, nahtlos gezogene oder nahtgeschweißte Rohre von beliebigem Durchmesser, Wandstärke nicht unter 1 mm, Außenlötungen, handelsüblich.

2. S t e u e r s a t z : Einheitlich, Steuersatz Nr. 35, A. Thun, Altenförde i.W., gute Qualität.

3. T r e t l a g e r : Einheitlich, mit Ölrohr – H. Weihrauch, Zella-Mehlis – 70 mm breit und 40 mm Durchmesser des Tretlagerzylinders, gute Qualität.

4. T r e t s t ü c k e : Mit Blockgummi, Breite 110 mm (für genagelte Stiefel), Gewinde an der Achse mit gleichen Ausmaßen und Steigungen – 20 Gang auf 25,4 mm, handelsüblich.

5. Ü b e r s e t z u n g : 65, Kettenrad ½"-Teilung, 46 Zähne, sonst Form beliebig, Kette ½ x$^1/_8$' Nr. 132 – Wippermann – handelsüblich.

6. S a t t e l : Große Sitzfläche, solide, verschiedene Fertigung zulässig (Art des Leppersattels Nr. 90), dunkles Leder, handelsüblich.

7. S a t t e l s t ü t z e : Verlängerungsrohr nicht unter 180 mm lang, handelsüblich.

8. V o r d e r r a d g a b e l : Geeignet für Vollballonbereifung, handelsüblich.

9. L e n k e r : Abnehmbar – Expreßwerke A.G., Neumarkt/Opf. – Gummigriffe

10. V o r d e r r a d b r e m s e : Zum Lenker passend.

11. F e l g e n : 28x$^5/_8$-Wulstreifen, kräftig, handelsüblich.

12. V o r d e r r a d n a b e : Einheitlich, Nr. 6 – Fichtel u. Sachs, Schweinfurt –.

13. H i n t e r r a d n a b e : Einheitlich, Torpedofreilauf – Fichtel u. Sachs, Schweinfurt –.

14. S c h u t z b l e c h e : Halbballon, handelsüblich.

15. B e r e i f u n g : Schwarz oder grau, gereifeltes Profil – prima Qualität –, handelsüblich.

16. E m a i l l i e r u n g : Rahmen, Vordergabel, Schutzbleche und Felgen schwarz.
Alle übrigen Teile brüniert oder schwarz emailliert (mit Ausnahme des Firmenzeichens am Führungsrohr).

17. Z u b e h ö r :
 a) Glocke: handelsüblich, einfache Ausführung.
 b) Beleuchtung: Dynamo- und Standlicht, handelsüblich, einfache Ausführung (Berco, Balaco, Imper u. ähnliche).
 c) Gepäckhalter: 30 kg Tragkraft, mit 4 Riemenösen, handelsüblich (Pallas-Werke, Barchfeld oder ähnliches Muster), mit 3 Riemen, davon 2 Stück 125 cm lang, 2 cm breit, 1 Stück 80 cm lang, 2 cm breit.

Zitiert aus: Allgemeinen Heeresmitteilungen vom 21. Juni 1935, S. 78 Nr. 270.

Radfahr-Schwadron in Erwartung des Marschbefehls mit geführten Truppenfahrrädern in der Marschordnung »Reihe«. Dabei stehen die Gruppen mit sechs Schritten Abstand hintereinander. Als ein Schritt galt bei der Infanterie die Länge von 0,8 m.

Bild oben und unten: Fahnenjunker mit geführten Rädern, angetreten in der Versammlungsform »Linie«. Offiziere durchliefen eine intensive körperliche und geistige Schulung. Erst danach kamen sie für eine fachwissenschaftliche Ausbildung an der Kriegsschule in Frage.

Bild oben und unten: Radfahr-Schwadron mit geführten Truppenfahrrädern in der Marschordnung »In breiter Front«.

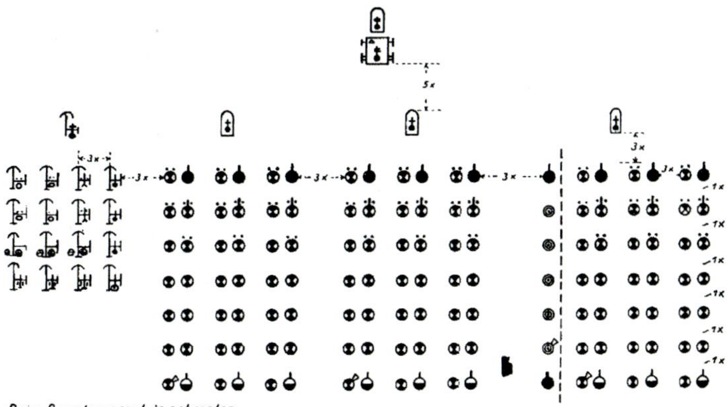

Beim Parademarsch in schmaler Front marschieren die Züge mit 5x Abstand.

Die M.G.Staffel tritt zum Parademarsch zur schweren Schwadron.

Vorkriegsmanöver der 4. Infanterie-Division (Wehrkreis IV, Dresden). Beim Ausmarsch aus Bautzen bildet eine Radfahrer-Gruppe (mit Truppenfahrrädern) die Marschsicherung für das Artillerie-Regiment 4.

Radfahr-Schwadron mit geführten Truppenfahrrädern während einer Parade in Berlin anlässlich des Besuches des Prinzregenten Paul von Jugoslawien. Aufnahme vom 2. Juni 1939. (© MHM Dresden, Signatur BAAN1545)

Radpflege beim Heer. Dienstfahrräder erforderten eine besonders sorgfältige und sachgemäße Wartung. Nach jeder Fahrt waren sie sofort zu reinigen. Ihre Nutzung zu anderen als dienstlichen Zwecken oder durch Unbefugte war verboten.

Tornisterfunktrupp (b), im Hintergrund ein Horch 830 R (Kfz. 17) mit Buntfarbenanstrich. Links im Bild ein Tretsatz 15 a – eine Art feststehendes Fahrrad, mit dem durch das Treten der Pedale ein Gleichstromgenerator zur Stromerzeugung angetrieben wird. Einer der Nachrichtensoldaten sitzt an einer »Enigma«, einer 1937 eingeführten elektromechanischen Chiffriermaschine zur Verschlüsselung von Klartexten.

Infanterie-Radfahrerzug in Linie zu einem Glied angetreten. Sie führen keine Truppenfahrräder, sondern unterschiedliche handelsübliche – vermutlich kriegsbeorderte – Modelle.

Damit waren die technischen und fabrikatorischen Voraussetzungen für den Aufbau fahrradbeweglicher Einheiten geschaffen. Gute personelle Bedingungen gab es obendrein. Erfahrungen im Umgang mit Fahrrädern – im Unterschied zum Umgang mit Kraftfahrzeugen – brachte in Deutschland fast jeder Wehrpflichtige mit. Das Fahrrad war Gebrauchsgegenstand im Alltag. Radsport war populär. Mit 17 bis 18 Millionen Radfahrern (Schätzungen von 1937) nahm Deutschland in Europa einen der vorderen Plätze ein.

In Tilsit (Ostpreußen, Wehrkreis I, 1. Division) entstand mit dem am 1. Oktober 1935 aus Angehörigen der Bereitschaftspolizei und einer Kompanie des Infanterieregimentes 43 gebildeten Radfahr-Bataillon 1 erstmals seit dem Ende des Ersten Weltkrieges wieder eine deutsche Radfahrer-Einheit. Ein Jahr später erfolgte bei gleichzeitiger Unterstellung unter die Kavallerie (1. Kavallerie-Brigade) die Erweiterung zur Radfahr-Abteilung 1. Sie gliederte sich neben dem Stab mit einem Nachrichten- und einem Panzerspähzug in drei Radfahrschwadrone (zu drei Zügen mit je drei leichten Maschinengewehren und einem leichten Granatwerfer sowie ein Zug mit schweren Maschinengewehren) und eine 4. (schwere) Schwadron.
Alle Kavallerieregimenter (außer Kavallerie-Regiment 6) erhielten im Sommer 1936 eine 6. (Radfahr-), im Herbst des Folgejahres eine 7. (Radfahr-) Schwadron. Diese waren wie folgt gegliedert:
- Schwadronsführer
- Schwadronstrupp
- drei Radfahrerzüge bestehend jeweils aus Zugführer, Zugtrupp (3 Gruppen mit jeweils Gruppenführer, Truppführer, lMG-Trupp aus 4 Mann, Schützentrupp mit 7 Mann, Granatwerfertrupp auf zwei Motorrädern mit Beiwagen, Gefechtskraftwagen)
- MG-Staffel (auf zwei Motorrädern mit Beiwagen)
- Gefechtstross
- Gepäcktross.

Folgerichtig erschien im September 1937 eine neue Dienstvorschrift[13]. Sie behandelte die Ausbildung mit dem Rad, den Meldedienst, den Einsatz von Rad-

Ausmarsch einer bespannten Einheit aus der Kaserne, davor die obligatorische Radfahrer-Gruppe (mit Truppenfahrrädern) zur Marschsicherung.

fahrerspähtrupps sowie vor allem Aspekte der Gliederung und Marschordnung. Fragen des Kampfeinsatzes werden kaum behandelt – das Fahrrad war Transportmittel zum Einsatzort. Dort kämpften die Soldaten unter Zurücklassung ihrer Räder im Rahmen ihrer Einheit zu Fuß.
Nach der endgültigen Gliederung vom Herbst 1938 bestand jedes Kavallerie-Regiment (außer Nr. 1 und 2) aus einer I. (reitenden) und einer II. (Radfahr-) Abteilung. Letztere gliederten sich in die 6., 7. und 8. (Radfahrer-), 9. (Panzer-Abwehr-), 10. schwere und 11. (Nachrichten-) Schwadron. Die drei Radfahrer-Schwadrone verfügten nun neben den jeweils neun leichten Maschinengewehren sowie drei leichten Granatwerfern über zwei schwere Maschinengewehre. An dieser Gliederung änderte sich bis zum Beginn des Zweiten Weltkrieges nichts mehr.

13 H.Dv. 299/3. Ausbildungsvorschrift für die Kavallerie, Heft 3: Die Radfahrschwadron. Vom 7.9.1937

3.4 Das Fahrrad im Zweiten Weltkrieg

Das Fahrrad im Blitzkrieg 1939-1941

Bei der Mobilmachung im August 1939 wurden dreizehn Kavallerie-Regimenter – außer die der 1. Kavallerie-Brigade (später die 1. Kavallerie-Division) – aufgelöst. Ihre Reiter- und Radfahrer-Schwadrone traten zu den teilmotorisierten Aufklärungs-Abteilungen der Infanterie- und einiger Gebirgsdivisionen des Feldheeres. Die 9. bis 11. (Panzerabwehr-, schwere und Nachrichten-) Schwadrone wurden zugweise auf andere Formationen verteilt.

In einer Zeit, als die Motorisierung des Heeres noch nicht weit so weit fortgeschritten war, erwiesen sich Radfahrtruppen als schnelle, lautlose und kostengünstige Alternative zu den marschierenden und reitenden Verbänden. Die Tagesleistung eines ausgebildeten Radfahrers war auf 100 Kilometer in sechs bis acht Stunden, in Ausnahmefällen auf 120 bis 150 Kilometer in 12 bis 14 Stunden, festgelegt. Die Tagesleistung zu Fuß marschierender Einheiten lag demgegenüber bei nur 30 bis 40 Kilometer, die von Pferden durfte aus Rücksicht auf die körperliche Verfassung der Tiere sogar 30 Kilometer nicht überschreiten.

Gliederung einer Aufklärungs-Abteilung (tmot.) im September 1939

Stab	1. (Reiter-) Schwadron	2. (Radfahr-) Schwadron	3. (Schwere) Schwadron
Melderstaffel Nachrichtenzug (tmot.)	3 Reiterzüge Gefechtstross	Schwadronsführer Schwadronstrupp 3 Radfahr-Züge mit je 1 Zugführer 3 Melder 3 Gruppen mit je Gruppenführer lMG-Trupp Schützentrupp 1 leichter Granatwerfer-Trupp 1 sMG-Staffel Gefechtstross	1 Geschütz-Zug 1 Panzerabwehr-Zug 1 Panzerspähtrupp Gefechtstross

Personelle und materielle Ausstattung der 2. (Radfahr-) Schwadron insgesamt:
4 Offiziere, 24 Unteroffiziere, 152 Mannschaften, 134 Karabiner, 46 Pistolen, 18 leichte Maschinengewehre, 3 leichte Granatwerfer, 1 PKW, 6 LKW, 14 Krafträder (davon 8 mit Seitenwagen), 138 Fahrräder

Ausbildungsfahrt einer Radfahr-Schwadron in der Eifel. Aufnahme vom Winter 1939/1940. Das Gewehr wurde nach Vorschrift auf dem Rücken von der rechten Schulter zur linken Hüfte getragen, auf dem Marsch auf Befehl auch vor der Brust.

Angehörige einer Radfahr-Schwadron auf dem Vormarsch. Aufnahme vom Juli 1941. Die Waffen wurden üblicherweise auf Kraftfahrzeugen oder Motorrädern mit Beiwagen transportiert.

Bilder oben und links: Die Radfahr-Schwadron der Aufklärungs-Abteilung 7 gehörte zur 7. Infanterie-Division, die bis im April 1941 als Besatzungstruppe in Frankreich stationiert war und danach mit der Eisenbahn in das Generalgouvernement verlegt wurde. Auf einem Eisenbahnwagen konnten je nach Art des Waggons 50-60 Fahrräder untergebracht werden. (© MHM Dresden, Signatur BBAV1077)

Bild unten: In den Aufklärungs-Abteilungen der Infanterie-, Jäger- und Gebirgsjäger-Divisionen waren Reiter- und Radfahrer-Schwadrone zusammengefasst. Reiter-Spähtrupps konnten in fast unwegsamem Gelände agieren. Radfahrer-Spähtrupps hatten in Gegenden mit gutem Wegenetz eine größere Marschleistung. Sie konnten kleinere Hindernisse problemlos überwinden.

AUFGABEN VON RADFAHR SCHWADRONEN 1939

Die Aufgaben der Radfahrschwadrone lagen neben dem Meldedienst – gemeinsam mit anderen Teilen der Aufklärungsabteilung oder allein – in erster Linie im taktischen Aufklärungsdienst. Daneben sollten sie

- ***Schutz vor überraschenden gegnerischen Aktivitäten bieten,***
- ***wichtige Gelände und Punkte schnell in Besitz nehmen,***
- ***die Bewegung von Marschkörpern verschleiern,***
- ***offensiv (feindliche Aufklärer angreifen) oder defensiv (Annäherungswege des Gegners sperren) vor der Front, an Flanken und im Rücken des Gegners agieren,***
- ***gegnerische Kräfte nach gelungenem Durchbruch verfolgen,***
- ***Front-Lücken ausfüllen,***
- ***durch hinhaltenden Kampf den Rückzug der eigenen Kräfte decken und ein schnelles Nachrücken des Gegners verhindern oder zumindest verzögern.***

Radfahr-Schwadron einer Aufklärungs-Abteilung einer Infanterie-Division auf dem Marsch in Frankreich, Anfang Juni 1940. Die 26 Infanterie-Divisionen der 1. Aufstellungswelle verfügten in ihren Aufklärungs-Abteilungen über eine Reiter- und eine Radfahr- und eine schwere Schwadron. Später erhielten sie anstelle der Reiter- eine zweite Radfahr-Schwadron.

An den bereits aus der Zeit vor dem Ersten Weltkrieg bekannten Einsatzgrundsätzen änderten sich prinzipiell bis zum Ende des Zweiten Weltkrieges nichts.

Die großen Marschleistungen im Westfeldzug stellten eine hohe Belastung für die Radfahrer dar. Sie nutzten jede Gelegenheit, Kraft zu sparen – so wie hier am Rohr einer 2-cm-Flak 30 auf Sonderanhänger (Sd.Ah. 51).

Kleiner Tornisterfunktrupp a beim Stab einer Aufklärungs-Abteilung. Die Funkgeräte mit einem Gewicht von ca. 18 kg werden in zwei Lasten (Tornister) auf dem Rücken transportiert.

Deutsche Infanteristen überwinden den Maas-Seitenkanal Coupure de Remilly an der Schleuse Remilly-Aillicourt südlich von Sedan. Die Einheit ist mit zivilen Fahrrädern ausgestattet. Die Soldaten links sind gerade dabei, einen Handwagen für MG 08/15 (If. 1) an das Westufer zu tragen. Aufnahmen vom Mai 1940 und vom Mai 2019.

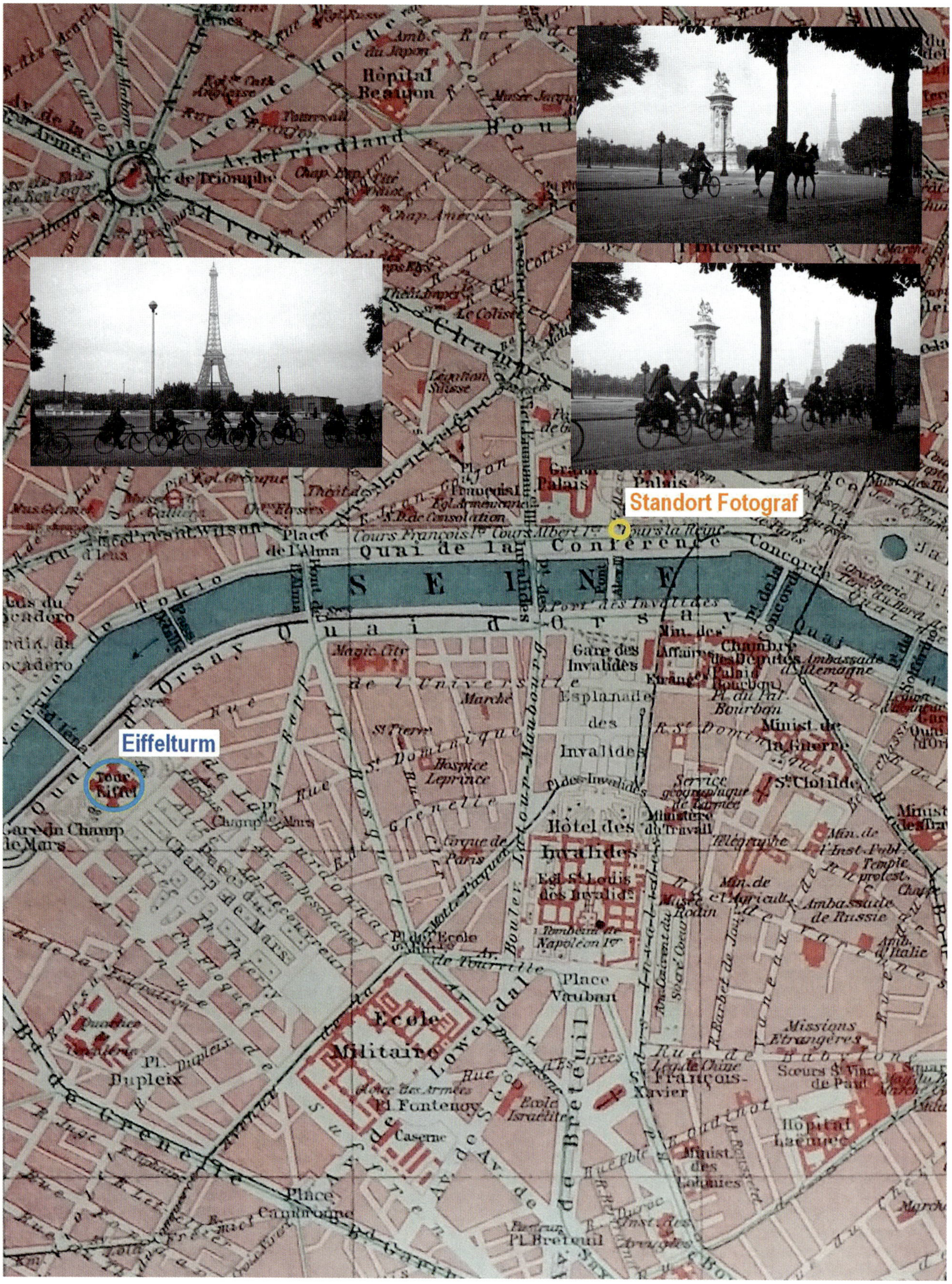

In den frühen Morgenstunden des 14. Juni 1940 erreichte eine Vorhut der Aufklärungs-Abteilung 187 der 87. Infanterie-Division die Brücke Pont Alexandre III in Paris. Sie orientierte sich am Eiffelturm.

Sanitäter auf Fahrrad mit der 3 kg schweren Sanitätstasche zum Umhängen für Sanitätsunteroffiziere und Mannschaften beim Stab einer bespannten Artillerie-Einheit.

Bild links: Radfahr-Schwadron beim Einmarsch in Meenen (frz. Menin) in der belgischen Provinz Westflandern, Ende Mai 1940. Im Vordergrund der lMG-Trupp. Beachte die provisorische Befestigung des Fliegerdreibeins mit Gurten am Lenker.

Bild unten: Radfahr-Schwadron der 87. Infanterie-Division beim Vorbeimarsch an den Oberbefehlshabern der 18. Armee, Generaloberst Georg von Küchler, und der Heeresgruppe B, Generaloberst Fedor von Bock, auf dem Place d' Etoile (heute Place Charles de Gaulle) in Paris am 14. Juni 1940.

Radfahreinheiten gab es nicht nur in den Aufklärungsabteilungen. Ihre Unterstellung, Gliederung und Ausstattung, auch mehrfache Umbenennungen sind kaum überschaubar. Sie kann hier nur an Hand einiger Beispiele dargestellt werden, verdeutlicht aber den großen Bedarf an Truppenfahrrädern.
So erhielten Infanterie-Divisionen der 5. Welle (September 1939) keine Aufklärungs-Abteilungen mehr, sondern nur noch eine Radfahr-Schwadron, die durch einen Infanteriegeschütz-Zug und einen Panzerabwehr-Zug verstärkt wurde. In der Folgezeit aufgestellte Divisionen erhielten wieder Aufklärungs-Abteilungen, die anstelle der Reiter-Schwadron eine zweite Radfahr-Schwadron bekamen.
Der gemeinsame Einsatz von Reitern und Radfahrern in Aufklärungsabteilungen bewährte sich auf Grund der unterschiedlichen Marschgeschwindigkeiten nicht immer. Daher wurde angeordnet, die Reiterschwadrone abzugeben, die Abteilungen wurden in Radfahr-Abteilungen (oder im Verbund mit Panzertruppen Schnelle Abteilungen) umbenannt.
Mit Wirkung vom 1. April 1943 wurde die Waffengattung »Schnelle Truppen«[1] – zu der auch die Divisions-Aufklärungs- und die Radfahr-Abteilungen gehört hatten – aufgelöst und dafür die Truppengattung »Panzertruppen« geschaffen[2]. Alle bisher dazugehörenden Reiter- und Radfahreinheiten traten in die Waffengattung Infanterie, behielten aber ihre Bezeichnungen (Abteilung, Schwadron), ihre Dienstgrade und die goldgelbe Waffenfarbe. Alle übrigen Einheiten wurden zu Füsilier-Bataillonen umgegliedert und stärker bewaffnet. Zu einem Bataillon gehörten drei Schützenkompanien (mit je 16 leichten Maschinengewehren und zwei 8-cm-Granatwerfern 34) und eine MG-Kompanie (mit zwölf schweren Maschinengewehren und vier 12-cm-Granatwerfern 42). Einige Bataillone waren komplett mit Fahrrädern auszustatten, zumindest eine Kompanie aber sollte fahrradbeweglich sein. Die Kriegsstärkenachweisung 149 V vom 1. September 1944 legte für eine Füsilier-Kompanie (auf Fahrrädern) die Ausstattung mit 166 Fahrrädern fest.

1 Im November 1938 waren Panzer- und Kraftfahrtruppen sowie Kavallerie zur Waffengattung »Schnelle Truppen« zusammengefasst worden.

2 Allgemeine Heeresmitteilungen, 9. Ausgabe vom 7.4.1943, S. 213, Nr. 309

Als Beispiel für die häufigen Umbenennungen und Umstrukturierungen soll hier die Aufklärungsabteilung 175 genannt werden. Sie wird am 25. August 1939 aus dem Kavallerie-Regiment 5 in Stolp (Pommern) als »Aufklärungs-Abteilung 175« der 75. Infanteriedivision mit der 1. (Reiter-), der 2. (Radfahr)- und der 3. (schweren) Schwadron aufgestellt. Im Juni 1942 gliedert sich die Abteilung in die 1.-3. Radfahr- und die 4. (schwere) Schwadron, seit 15. Juni heißt sie Radfahr-Abteilung 175. Ende Oktober 1942 wird die Einheit mit Skiern ausgerüstet, sie trägt ab 1. November 1942 den Namen »Ski-Bataillon 175«. Am 1. April 1943 erfolgt die Rückbenennung in »Aufklärungs-Abteilung 175«, ab November des Jahres ist sie die »Divisions-Füsilier-Bataillon (A.A.) 75«[3].

In den Infanterieregimentern entstanden zur Verfügung des Regimentskommandeurs Radfahrerzüge. Wie es in einem Merkblatt vom 9. April 1940 zusammengefasst wurde, waren sie zuständig für die Nachrichtenübermittlung bei fehlenden anderen Nachrichtenmitteln und für die Entsendung von Spähtrupps. Das Infanteriegefecht war nur in Ausnahmefällen vorgesehen.

3 Völz, Alfred: Die Aufklärungs-Abteilung 175 75. Infanteriedivision 1939-1945, 1983

Melder auf Rad. Im Hintergrund Fahrzeuge einer Panzerjäger-Einheit (mot). Aufnahme aus dem Westfeldzug 1940.

Im Kriegsverlauf verlor die Hauptaufgabe der Radfahr-Einheiten, die taktische Aufklärung, an Bedeutung. Als immer wichtiger erwies sich ihre Verwendung als schnell bewegliche »Feuerwehr«, um die durchbrochenen Linien der Grenadiere zu stützen. Das für ihre Ausbildung erstellte Merkblatt vom 16. März 1941 ist ein Beleg für die Erweiterung ihrer Kampfaufgaben:
»Schützenkompanien auf Fahrrädern sind besonders befähigt zur gewaltsamen Aufklärung, ... zur Verwendung als kampfkräftige Sicherung in Front und Flanke ... Im Vordergrund steht die bewegliche Kampfführung.« Dabei sollten die Fahrräder in der Regel bei Beginn des Kampfes zurückgelassen werden. Diesem Ziel diente eine zunehmende Ausstattung mit schweren Infanteriewaffen. Dafür wurden Befestigungsvorrichtungen benötigt, so für das Mitführen der Panzerbüchse 39 und des leichten Granatwerfers 36 (5 cm) am Fahrrad[4]. Interessant ist in diesem Zusammenhang, dass Halterungen zum Mitführen des Karabiners K 98k zunächst keine Anerkennung gefunden haben, obwohl es sie schon vor dem und im Ersten Weltkrieg gegeben hat. Die Auswertung zeitgenössischer Fotos belegt, dass sich die Truppe in vielfältiger Weise selbst half. Erst sehr spät, mit Verordnung vom 12. April 1943[5], kamen Halterungen zum Mitführen des Karabiners K 98k offiziell zur Einführung.
Es blieb nicht bei Schützenkompanien auf Fahrrädern. Die Vorteile der schnell beweglichen Einheiten sollten auch im Rahmen von Abteilungen zur Geltung gebracht werden. Im Herbst 1942 erschienen – noch nicht von der Ausbildungs-Abteilung im Generalstab genehmigt – die *Vorläufigen Richtlinien für die Führung und den Kampf der Radfahr-Abteilung.* Bis zur Herausgabe der Dienstvorschrift sollen sie den Abteilungskommandeuren als Richtschnur für Ausbildung und Einsatz ihrer Abteilungen dienen.

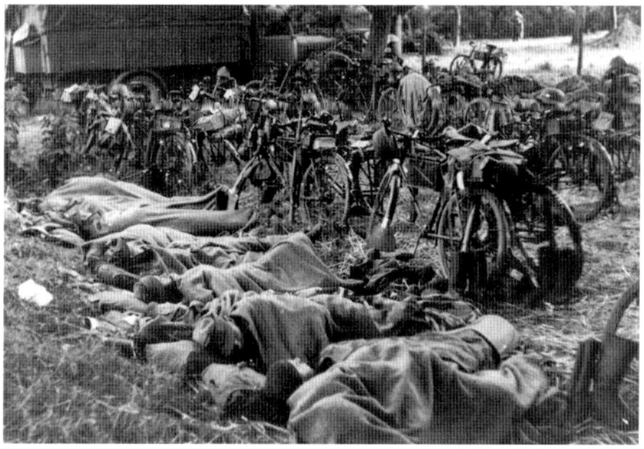

Die normale Tagesleistung von Radfahr-Schwadronen lag bei etwa 100 km (in 6-8 Stunden), gelegentlich konnte sie auf 120-150 km (in 12-14 Stunden) gesteigert werden. Bei wiederholter Anforderung dieser Leistung war eine völlige Erschöpfung der Soldaten unvermeidlich. Das zeigen auch diese Aufnahmen aus Frankreich vom Juni 1940.

Oberschütze mit Truppenfahrrad und leichtem MG-34, das behelfsmäßig mit Gurten am Rahmen befestigt ist. Aufnahme vom Frühjahr 1941.

4 Allgemeine Heeresmitteilungen, 21. Ausgabe vom 21.08.1941, S. 428, Nr. 829

5 Heerestechnisches Verordnungsblatt 1. Ausgabe vom 1.5.1954, S. 3, Nr. 5

WESEN UND AUFGABEN DER RADFAHRERABTEILUNG *1942*

1. Die Radfahr-Abteilung ist schnell und wendig. Rascher Wechsel zwischen Kampf zu Fuß und Bewegung auf Fahrrädern sind die wesentlichen Merkmale der Kampfweise der Radfahr-Abteilung.

2. Marsch und Einsatz werden beeinflußt durch Wegenetz, Gelände, Witterung und Tageszeit. ...

3. Durch ihre infanteristische Gefechtskraft und ihre große Beweglichkeit auf dem Gefechtsfeld ist die Abteilung ein vielseitiges Kampfmittel der Infanterie-Division.

4. Die Radfahr-Abteilung kann alle Aufgaben eines Infanteriebataillons lösen. Bei geeignetem Wegenetz kann sie beweglicher als das Infanterie-Bataillon kämpfen und Erfolge durch ihre Schnelligkeit auswerten.

5. Eine Hauptaufgabe der Radfahr-Abteilung ist die Durchführung der taktischen Aufklärung für die Infanterie-Division. ...

6. Die Radfahr-Abteilung ist darüber hinaus zu folgenden Aufgaben besonders befähigt:

a. Inbesitznahme wichtiger Abschnitte und Geländepunkte als Vorausabteilung.

b. Schutz der Flanke der Division.

c. Überraschender Angriff gegen Flanke und Rücken des Feindes.

d. Verfolgung, insbesondere überholende Verfolgung.

e. Verteidigung auf breiter Front.

7. Für die Durchführung selbständiger Kampfaufträge kann Verstärkung der Radfahr-Abteilung durch Unterstellung von mot. Artillerie, Panzerjägern, Pionieren, Sturmgeschützen und Flak notwendig sein.

8. Der Einsatz der abgesessenen Radfahr-Abteilung im Rahmen eines Infanterie-Regiments ist unzweckmäßig, da bei dieser Verwendung der Vorteil der Beweglichkeit nicht ausgenutzt wird.

9. Die Kampfmittel entsprechen denen eines Infanterie-Bataillons.

Die Ausstattung mit Fahrrädern befähigt die Abteilung, auf dem Marsch auf guten Straßen zu einer Durchschnittsgeschwindigkeit von etwa 12 km/Std. Die Tagesleistung kann bis zu 120 km betragen.

Bei geeigneten Wegeverhältnissen (guten und wenig befahrenen Straßen) kann vorrübergehend die Abteilung durch Kfz. geschleppt werden und somit die Durchschnittsgeschwindigkeit auf 25-30 km/Std. und die Tagesleistung auf 200-250 km erhöht werden.

10. Das vollkommene Ausnutzen der Fahrräder und der Kraftfahrzeuge für alle Bewegungen erfordert volle Beherrschung der Fahrzeuge durch entsprechende Übung (Training), besonders der Radfahrer.

11. Mit Kampfstoff verseuchte gut befahrbare Straßen und Wege sind von Radfahrern aufgesessen leichter zu überwinden als von Infanterie und Reitern.

Teile einer Radfahr-Schwadron nach dem beschwerlichen Marsch auf den 1185 m hohen Schipkapaß im bulgarischen Balkangebirge im Februar 1941.

Die Vorzüge fahrradbeweglicher Einheiten – Schnelligkeit und Beweglichkeit – kamen unter den klimatischen Verhältnissen in der Sowjetunion nicht zum Tragen. Aufnahme vom Südabschnitt der Ostfront im Frühjahr 1942.

Melder eines Infanterie-Bataillons der 72. Infanterie-Division bei einer Marschpause im bulgarischen Kirdzali unweit der griechischen Grenze.

Verlegung einer Radfahr-Schwadron an Bord des Dampfers »August Bolton« von Tromsø nach Kirkenes in Norwegen. Aufnahme vom August 1941.

Angehörige einer Radfahr-Schwadron einer Gebirgs-Division im April 1941 auf dem Balkan. Die Aufklärungs-Abteilungen der Gebirgs-Divisionen hatten üblicherweise – wie die Infanterie-Divisionen – eine Reiter-, eine Radfahr- und eine schwere Schwadron.

LMG-Trupp einer fahrradbeweglichen Einheit im Sommer 1941 an der Ostfront. Vorn im Bild ein Unteroffizier mit dem lMG-34 und aufgeklapptem Zweibein am Lenker. Beachte die Trageweise der Karabiner 98 vor der Brust – sie wurde auf dem Marsch befohlen.

Melder einer Infanterie-Einheit vor einem leichten Panzer Renault R-35 der jugoslawischen Armee. Frankreich hatte 1939/1940 50 Panzer dieses Typs an Jugoslawien geliefert.

Melder vom Stab eines Infanterie-Bataillons vor einem sowjetischen schweren Panzer KW-2 der 41. Panzerdivision des 22. Mechanisierten Korps der Roten Armee im Raum Wladimir Wolinski, Ende Juni 1941.

Sicherungs-Division und eingesetzt zum Küstenschutz im Raum Riga. Im Juli 1941 wurde es »voll ausgerüstet mit Fahrrädern aus Rigaer Fabriken, um für spätere Unternehmungen beweglicher« zu sein, wie es in der Divisionsgeschichte heißt. Das im März 1942 in Ostpreußen aufgestellte und im Osten zu Sicherungsaufgaben eingesetzte Landesschützen-Bataillon 244 verfügte im Sommer 1942 über Fahrräder für ca. 40 % der Einheit. Gemeinsam mit der Feldgendarmerie gehörte eine wachsende Zahl von Wachbataillonen zu den Versorgungstruppen des Feldheeres. Viele von ihnen wurden ab Anfang 1941 zu Radfahr-Wach-Bataillonen umgegliedert.

Abgestellte Fahrräder der Soldaten der 13. Kompanie des Wachbataillons 708 in Winniza (Ukraine), 1941. Auf Kommando wurden die Räder so aneinandergestellt, daß sich der Lenker des rechten vor dem des linken Rades befand. Das MG-Gerät verblieb am Fahrrad, die Gewehre wurden auf Kommando mit dem Lauf zum Rad an den Sattel gelehnt. (© MHM Dresden, Signatur BBAV1077)

Anlieferung fabrikneuer Truppenfahrräder auf dem Bahnhof Witebsk im September 1941. ((© Bundesarchiv, Signatur 101I-267-0124-09A)

d. Von den ab August 1944 aufgestellten 100 Festungs-MG-Bataillonen wurden drei (Nr. 71, 80 und 81) für ihren Einsatz im Osten mit Fahrrädern ausgestattet.

e. Auch bei der Luftwaffe stieg die Zahl der Fahrräder, z.B. im Flugbetriebsdienst. Bei der Flugabwehr und im Luftschutz erlangten sie im Melde- und Verbindungsdienst Bedeutung.

f. Für die Fallschirmjägerverbände nutzte die Luftwaffe das Klapprad, das sich in anderen militärischen Bereichen nicht hatte durchsetzen können. Mit dem Fallschirm abgeworfen, sicherte es bei Luftlandeoperationen die sofortige Beweglichkeit im Absprunggebiet und erleichterte den Aufbau und das Halten der Verbindungen untereinander. Für den Transport von Waffen, Munition und Ausrüstung wurde ein ebenfalls mit dem Fallschirm abwerfbarer Anhänger eingeführt. Zu den Armeetruppen der Anfang 1944 aufgestellten 1. Fallschirm-Armee gehörte das Fallschirm-Radfahr-Bataillon 1. Daneben dienten normale Fahrräder auch hier als Melde- und Verbindungsfahrzeuge, unter anderem in Fallschirm-Kompanien, Fallschirm-Pionierkompanien und Fallschirm-Panzerjägerkompanien.

Auf den weitläufigen Anlagen wie Flugplätze und Flugzeugwerften nutzte auch die Luftwaffe Fahrräder. Im Bild Bodenpersonal eines Verbandes mit verschiedenen handelsüblichen Fahrrädern.

Klappfahrräder wurden als Melde- und Verbindungsfahrzeuge in Fallschirm-, Fallschirm-Pionier- und Fallschirm-Panzerjäger-Kompanien verwendet.

Bordmechaniker vor einem fünfsitzigen Reiseflugzeug des Typs Siebel Fn 104 »Hallore« der Luftwaffe.

g. Auch bei der deutschen Kriegsmarine nahm die Zahl der Fahrräder zu. Es ging darum, in den weiträumigen Marinestützpunkten, in den Werften, bei der Marineküsten-Artillerie und anderen Dienststellen den Melde- und Verbindungsdienst sicherzustellen.

Gefreiter der Luftwaffe auf seinem (handelsüblichen) Dienstfahrrad.

Der »Rote Renner«, das Bootsabzeichen des Unterseebootes U-997 unter dem Kommando von Oberleutnant zur See Hans Lehmann, das am 23. September 1943 in Dienst gestellt wurde. Vorlage für dieses Truppenkennzeichen war ein unter dem Oberdeck festgezurrtes Fahrrad, das bei einer Ausbildungsfahrt von Hamburg ins norwegische Hammerfest mitgeführt wurde.

h. In den unter deutscher Militärverwaltung stehenden besetzten Gebieten in Nord- und Westeuropa kamen Radfahrtruppen zum Einsatz, so ab März 1943 die Schnellen bzw. Radfahr-Brigaden 20 Niederlande und 30 Belgien und ab April 1944 die Radfahr-Aufklärungs-Brigade Norwegen[6]. Für letztere beantragte der Kommandeur der Brigade, Oberstleutnant Dittrich Freiherr von Berlichingen, die »Umbewaffnung auf M.P. 43. Brigade ist als bewegliche Stoßreserve der Armee hauptsächlich auch für den Gebirgs- und Waldkampf vorgesehen ist, wodurch sich ausnahmslos Stoßtrupp- und Spähtruppaufgaben ergeben. M.P. 43 ist hierfür die einzig mögliche Waffe. Es werden 1083 M.P. benötigt.«[7]

6 Im April 1944 aufgestellt als Radfahr-Aufklärungs-Regiment Norwegen, im Juni 1944 umbenannt.

7 Fernschreiben an die Adjutantur der Wehrmacht beim Führer vom 8. September 1944 (Bundesarchiv, Signatur Signatur RH/11-I-41)

Grenadier mit einem belgischen Beutefahrrad bei der Ausbildung. Aufnahme vom Frühjahr 1944.

Obergefreiter der Besatzungstruppe in Norwegen mit einem Damenfahrrad, 1943.

i. Die SS-Ordnungspolizei favorisierte ein eigenes Modell, das Behördenfahrrad M/30.
Sie verfügte in ihren SS-Aufklärungs-Abteilungen ebenfalls über SS-Radfahr-Bataillone.

Feldwebel der Feldgendarmerie mit einem Behördenrad der Marke Bauer aus dem Jahr 1943. Die Feldgendarmerie war seit Beginn des Krieges unter Einbeziehung kompletter Polizei-Einheiten aufgestellt worden und erfüllte Ordnungs-, Sicherungs- und verkehrspolizeiliche Aufgaben im Frontgebiet. Aufnahme aus dem Jahr 2006.

j. Abteilungen des Reichsarbeitsdienstes folgten den Fronttruppen. Ihre Aufgaben bestanden u.a. im Ausbessern von Straßen, Bau von Knuppeldammen und Behelfsbrücken und Arbeiten im rückwärtigen Heeresgebiet wie Erntehilfe. Auch sie waren zum Teil mit Fahrrädern ausgestattet, da sie die meisten ihrer Fahrzeuge an die Wehrmacht abgeben mussten.

Gliederungen der NSDAP (Sturm-Abteilungen, Reichsstudentenbund, Hitlerjugend u.a.) unterhielten fahrradbewegliche Einheiten, Gruppen und Kameradschaften. Auch bei der Auslandsorganisation (z.B. im Protektorat und im Generalgouvernement) waren solche Gruppen für eine schnelle Verbindungsaufnahme wichtig.

Arbeitsmänner der RAD-Abteilung 13/10 (Arbeitsgau Ostpreußen) im Jahr 1941. Beachte die Unterbringung des Spatens parallel zum Oberrohr mit dem Blatt auf dem Gepäckträger.

Arbeiter aus dem Heeresgefolge mit zivilem Fahrrad. Aufnahme aus dem Jahr 1944. Wehrmachtsangehörige (z.B. in Heeresparks, Munitionsanstalten und Ämtern), die nicht oder nur teilweise uniformiert waren, trugen eine 10 cm breite gelbe Armbinde mit der Aufschrift »Deutsche Wehrmacht«.

Bild unten: Arbeitsmänner einer fahrradbeweglichen RAD-Abteilung auf einer neu angelegten Rollbahn. Im Hintergrund eine 2-cm-Flak 30 (Sf.) auf einem leichten Zugkraftwagen 1 t (Sd.Kfz. 10/4) mit Sonderanhänger, einachsig (Sd.Ah. 51) einer Flak-Batterie. Zeitgenössische Postkarte von 1941.

Ein stetig wachsender Bedarf

Eines ist mit Deutlichkeit zu erkennen: der Bedarf an Fahrrädern nahm in allen Teilstreitkräften und Waffengattungen in einem Maße zu, der von der deutschen Fahrradindustrie nicht mehr abgesichert werden konnte. Auch mit der Einziehung von Fahrrädern im Reichsgebiet nach dem Wehrleistungsgesetz von 1938 ließ sich diese Lücke nicht schließen. Fahrräder von Polizei, Hitlerjugend und Mitarbeitern der Rüstungsindustrie waren von dieser gesetzlichen Regelung ausgenommen. Mit dem Anschluss Österreichs konnte vor allem die Fertigungskapazitäten der Firma Steyr-Daimler-Puch AG genutzt werden. Sie produzierte in Graz von 1938 bis 1945 neben anderen Rüstungsgütern (wie Panzergetrieben und Flugzeugmotoren) auch 140.000 Truppenfahrräder, das Zweigwerk Radom in Polen von 1940 bis 1944 weitere 77.000 Stück. Ein anderer Weg, das Problem des Fahrradmangels zu beheben, waren Requirierungen in den besetzten Gebieten. Dass französische Fahrräder in großem Umfang im deutschen Heer genutzt wurden, belegt eine Anweisung im Heeresverordnungsblatt vom 15. April 1943, die Ventile französischer Bereifung zu ändern. In den Niederlanden mussten Fahrradfabriken zunächst einen Teil ihrer Produktion an das Deutsche Reich abgeben, ab Mitte 1942 wurden auf Befehl der Wehrmacht alle Herrenräder eingezogen. Diese Räder waren aber nicht nur für die Ausstattung der Truppe vorgesehen. Der Reichsminister für Bewaffnung und Munition, Albert Speer, notierte über die Konferenz mit Adolf Hitler am 25.4.1943: »Der Führer macht eindringlich darauf aufmerksam, daß Mangelerscheinungen im Reichsgebiet zuungunsten der besetzten Gebiete abgestellt werden müssen. Wenn z.B. Fahrräder für Rüstungsarbeiter fehlen, so sei zunächst auf die Fahrräder in Holland, Belgien, Dänemark usw. zurückzugreifen.«

Die deutschen Fahrradfabriken waren in die Herstellung von anderen dringend benötigten Rüstungsgütern einbezogen und hatten deswegen die Fahrradproduktion stark gedrosselt oder ganz eingestellt. So fertigten die Brennabor-Werke (Brandenburg) Geschützlafetten und Munition, die Elite-Diamantwerke AG (Siegmar-Schönau) Sprenggranaten, Mündungsbremsen, Zünderstellmaschinen, Nachrichtengeräte, Panzerfäuste, Bajonette und Visiereinrichtungen. Excelsior (Brandenburg) produzierte Magazine für 2-cm-Granatpatronen, Haenel in Suhl Magazine für Sturmgewehre 44, die Pantherwerke (Braunschweig) T-Minen und Flugzeugteile, MIFA in Sangerhausen, Riemann und Wanderer (beide Chemnitz) Zünder. NSU (Neckarsulm) stellte Fahrwerke für das Gebirgsgeschütz 36, Pumpen und Getriebe für Flugzeugmotoren, U-Boot-Teile sowie Granaten, Kartuschen und Zünder her, WKC in Solingen Blankwaffen. Dennoch lieferten die deutschen Firmen im Jahr 1943 513.355, im Folgejahr 689.135 Fahrräder.

Im letzten Jahr stand die deutsche Rüstungsindustrie vor dem Kollaps. Die Auswirkungen der Ersatzteil- und Betriebsstoffversorgung auf die Ausstattung mit Kraftfahrzeugen und Panzern sind in der Fachliteratur ausreichend dargestellt. Woran es ebenfalls mangelte, waren Pferde; ihr Bestand war seit 1943 rückläufig. Fahrräder boten einen Ausweg aus der Misere. Das belegt die Aufstellung einer steigenden Zahl fahrradbeweglicher Einheiten und Verbände im letzten Kriegsjahr.

In den ab Ende August 1944 aufgestellten Volksgrenadier-Divisionen sollte jeweils ein Grenadier-Regiment komplett mit Fahrrädern ausgestattet werden. Pionierkompanien wurden als schnelle, bewegliche Sperreinheiten verstärkt mit Fahrrädern ausgerüstet. In der Kriegsstärkenachweisung 723 vom 1. April 1944 wird ein Bestand von 136 Fahrrädern für eine Pionierkompanie festgelegt. Zwölf von ihnen waren für den Transport mit T-Minen ausgerüstet.

Am 3. November 1944 gab der Oberbefehlshaber West bekannt, dass auf Befehl Hitlers bei allen Panzergrenadierdivisionen »zur Einsparung von Kraftfahrzeugen und Betriebsstoff einzelne Grenadier- und Panzergrenadierbataillone mit Fahrrädern ausgestattet werden müssen«. Jede Kompanie dieser Bataillone verfügte über 12 leichte Maschinengewehre und drei 8,8-cm-Raketenpanzerbüchsen 54 (»Panzerschreck«). Die Kriegsstärkenachweisungen 1114 b und 1115 b vom 1. November 1944 legten für die Panzergrenadierkompanie einen Sollbestand von 133 (und 12 Reserve-), für die schwere Panzergrenadierkompanie von 92 (und 10 Reserve-) Fahrrädern fest.

Ein weiteres Beispiel: Im Spätherbst 1944 gehörten zu den aus dem Unterführer-Lehrgang XII in Idar-Oberstein aufgestellten Alarmeinheiten eine Fahrradkompanie mit 20 Maschinengewehren, drei Granatwerfern und einem Panzerabwehrgeschütz.

Erinnerungsfoto einer Schützengruppe eines Infanterie-Bataillons. Mit »beschafften« Fahrrädern konnten Geschwindigkeit und Beweglichkeit erhöht werden. Beachte das Damenfahrrad mit Kettenschutz (links).

Die Übung »Nachbringen von Fahrrädern« war fester Bestandteil der Ausbildung von Radfahrern. Wenn ein Teil der Einheit mit infanteristischen Aufgaben beschäftigt ist, bringt ein anderer Teil die Räder nach. Dazu stehen die Soldaten zwischen den Rädern, steigen auf das linke Rad auf und führen das rechte in der Mitte der Lenkstange.

Ausbildung einer Einheit der Gebirgstruppe. Am Lenker des Unteroffiziers vorn hängt sein defektes Hinterrad.

Ausbildungsfahrt des Vermessungstrupps einer Artillerie-Ersatz- und Ausbildungs-Batterie. Richtkreis und Scherenfernrohr wurden in Behältern auf den Fahrrädern mitgeführt, das Scherenfernrohr ist in einer Kiste (viertes Rad von links) untergebracht.

Obergefreiter mit Maschinenpistole 38/40 über der Schulter, Gasmaske und Feldflasche auf dem Gepäckträger. Die (bereits im Ersten Weltkrieg) selbst gefertigten Hinweisschilder lassen darauf schließen, daß an diesem Frontabschnitt längere Zeit Ruhe herrschte.

Der Verpflegungs-Unteroffizier läßt sich vom einspännigen Küchenkarren, der vermutlich in den Niederlanden erbeutet wurde, mitziehen.

Panzerjagdkommando mit Sturmgewehren und Panzerfäusten an den Lenkern der Truppenfahrräder

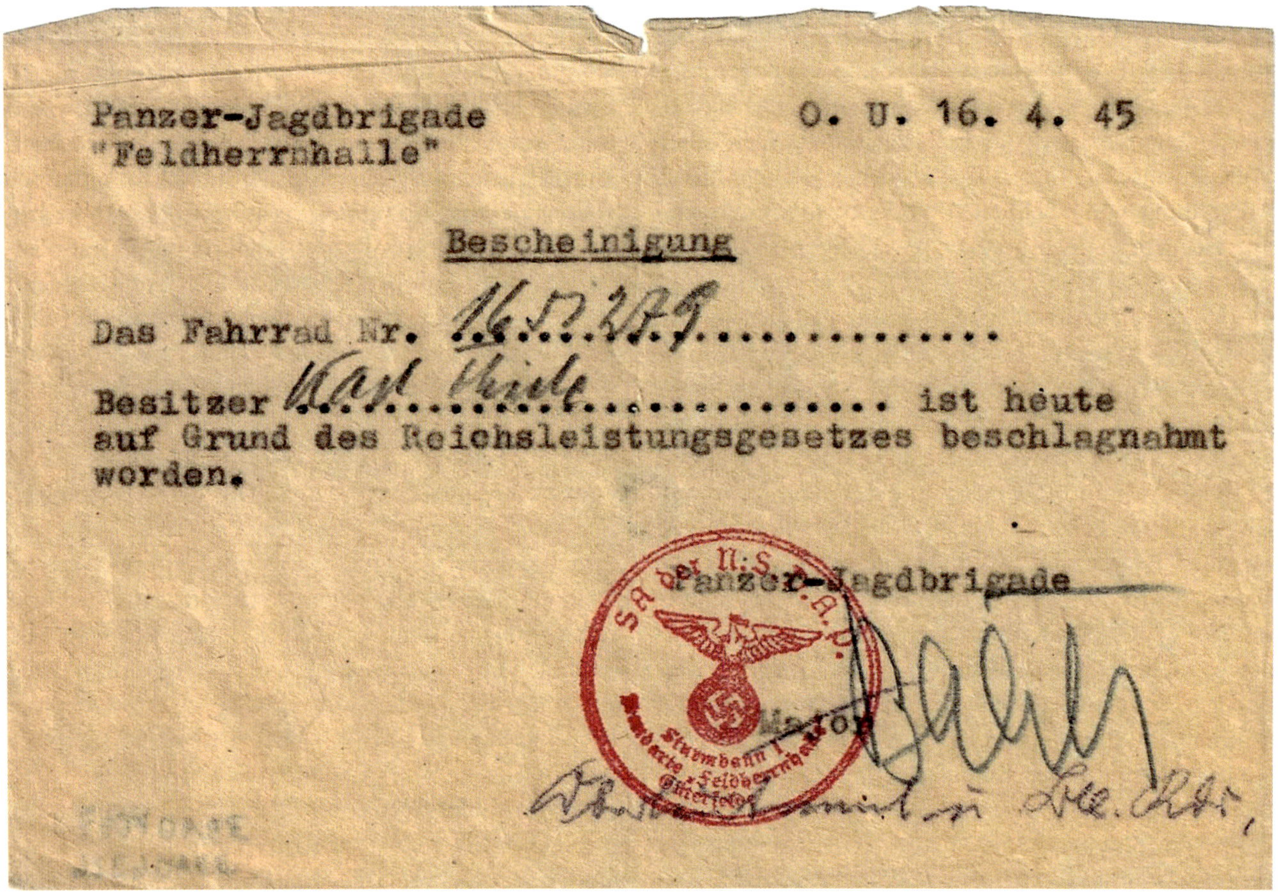

Panzer-Jagdbrigade "Feldherrnhalle" O. U. 16. 4. 45

Bescheinigung

Das Fahrrad Nr. ....

Besitzer .... ist heute auf Grund des Reichsleistungsgesetzes beschlagnahmt worden.

Panzer-Jagdbrigade

Major

(© MHM Dresden, Signatur BBAO6926)

Auch die Hitlerjugend sollte alliierte Panzer aufhalten. Im März 1945 kam es in Radebeul (Sachsen) zur Aufstellung der 1. Panzervernichtungsbrigade »Hitlerjugend«. Neben dem Stab war die Brigade in vier Abteilungen mit jeweils vier Kompanien gegliedert. Stolz erklärte Reichsjugendführer Artur Axmann im *Völkischen Beobachter* vom 28. März 1945: »Aus der Hitlerjugend ist eine Bewegung junger Panzerknacker entstanden. ... Es gibt nur Sieg oder Vernichtung.«

Hitlerjungen als Panzerjäger

Die Erfahrungen des Krieges im Osten hatten gelehrt, daß es vor allem die sowjetischen Panzerangriffe waren, die unsere Frontlinien durchbrachen. Darauf mußte unsere Abwehr hinter der Hauptkampflinie vorbereitet sein. Diese Notwendigkeit löste die Gründung der ersten Panzervernichtungsbrigade der Hitlerjugend aus, die dem Volkssturm eingegliedert wurde. Ihre Aufstellung erfolgte Anfang Februar 1945 ... in Radebeul in Sachsen. Sie bestand zunächst aus vier Bataillonen mit je drei bis vier Kompanien und hatte am Anfang eine Stärke von etwa 2.400 Mann. ... Einheiten der 1. Panzervernichtungsbrigade wurden im März im östlichen Vorfeld von Berlin, im Raum Fürstenwalde/Frankfurt an der Oder, zu beiden Seiten der Reichsautobahn stationiert und der 9. Armee des Generals der Infanterie Busse direkt unterstellt.

Zitiert aus: »Das kann doch nicht das Ende sein«. Hitlers letzter Reichsjugendführer erinnert sich. Beltheim 1995, S. 409 ff.

Das im April 1945 komplett mit Uniformen des Afrika-Korps, dem neuen Sturmgewehr und Panzerfaust 100 ausgestattete »Hitler-Jugend-Regiment« in Dresden erhielt durchgängig von der Dresdner Stadtverwaltung eingezogene italienische Damenfahrräder.
Weitere Panzervernichtungsbrigaden entstanden im Westen und Südwesten des Reiches. So wurden noch tausende Hitlerjungen in den letzten Wochen des Krieges sinnlos geopfert.

Ein letztes Beispiel: In der im Februar 1945 aufgestellten 1. Marine-Infanterie-Division sollte ursprünglich eine Jagdpanzerkompanie Panzerjäger 38 »Hetzer« (Sd.Kfz. 138/2) erhalten. Diese konnten nicht zugeführt werden. Deshalb erging am 8. April 1945 der Befehl, als Ersatz fahrradbewegliche Panzerzerstörtrupps aufzustellen. Panzerfäuste gab es – Fahrräder nicht mehr ...

Die Maßnahmen zeigen die verzweifelten Bemühungen der militärischen Führung zum Ende des Krieges, die Schwächen der deutschen Kriegsmaschine zu verdecken. Dazu brauchte man Fahrräder. Im Sturmprogramm des Heeres vom 9. Januar 1945, in dem der Generalquartiermeister die notwendigen Produktionszahlen für unverzichtbare Waffen und Munition, Fahrzeuge und Ausrüstung festlegte, wurde die Forderung nach monatlich 30.000 Fahrrädern erhoben. Tatsächlich konnten aber nur 17.000 Stück geliefert werden. Besondere Engpässe waren Lenker, Sattel und Reifen. In einem Schreiben von Theodor Mommsen[11] vom 2. März 1945 zum Notprogramm der Rüstungsendfertigung vom 23. Januar sind unter dem zu produzierenden Kriegsgerät auch Fahrräder genannt. »Der Ausrüstung der Truppe mit den in das Notprogramm ausdrücklich aufgenommenen Geräten kommt für die Erhaltung der Kampfkraft größte Bedeutung zu.« Zwei Monate später war der Krieg zu Ende.
Dem interessierten Leser wird aufgefallen sein, dass die Aufgaben fahrradbeweglicher Einheiten und Verbände an verschiedenen Stellen mit fast gleichem Wortlaut zitiert wurden. Das ist Absicht. Es verdeutlicht: Erst in der Schlussphase des Zweiten Weltkrieges erzwang die Kriegslage eine Modifizierung und Erweiterung der Einsatzgrundsätze. An der Technik des Fahrrades hatte es – im Unterschied zu Kraft- und gepanzerten Fahrzeugen – in einem halben Jahrhundert keine grundsätzlichen Änderungen gegeben, und damit auch nicht an seinen taktisch-technischen Parametern. Bestimmender Faktor war der Mensch, der Radfahrer. Er bestimmte, wie schnell und wie ausdauernd das Fahrrad als militärisches Transportmit-

11 Theodor Mommsen war Beauftragter für Wehrmacht- und Kampfgerät im Rüstungsstab des Reichsministeriums für Rüstung und Kriegsproduktion

Fahrräder in Berlin 1945. (© MHM Dresden, Signatur BBAF7633)

Fahrräder ohne Ende – das Kriegsende in Berlin 1945. (© MHM Dresden, Signatur BBAF7633)

Maschinenpistolen 18 I und 28 II

Die Maschinenpistole 18 I war erst zum Ende des Ersten Weltkrieges als Nahkampfwaffe an die Front gekommen. Die Bestimmungen des Versailler Vertrages sahen eine weitere Nutzung in der Reichswehr nicht vor – in der Polizei schon. Trotzdem erprobte das Militär 1925 das Nachfolgemodell 28 II, das ebenfalls in die Bewaffnung der Polizei übernommen wurde.
Zu den Gliederungen der Polizei-Detachements gehörten auch Radfahrbereitschaften. In ihrer Kombination von Beweglichkeit und Feuerkraft waren sie – gerade in der politisch unsicheren Nachkriegszeit – besonders geeignet für den Kampf im urbanen Raum. »Der Einsatz der MP. erfolgt stets da, wo auf nahe und nächste Entfernungen plötzlich höchste Feuersteigerung für kurze Zeit im Angriff und in der Abwehr verlangt wird«, heißt es in einer *Ausbildungsschrift für die Schutzpolizei* von 1933.
Radfahrbereitschaften waren in drei Züge gegliedert, von denen jeder Zug mit zwei Maschinenpistolen 18 I oder 28 II ausgestattet war.

Im *Waffentechnischen Leitfaden für die Ordnungspolizei* von 1940 und 1941 gibt es außer einer Zeichnung des Fahrrades und einigen Hinweisen über die Reinigung, Pflege und Instandsetzung keinerlei Aussagen zur Art und Weise der Nutzung des Fahrrades. Beim Einsatz in Erwartung von Kampfhandlungen waren für jede Kompanie ohne Maschinengewehr-Zug elf Fahrräder vorgesehen.

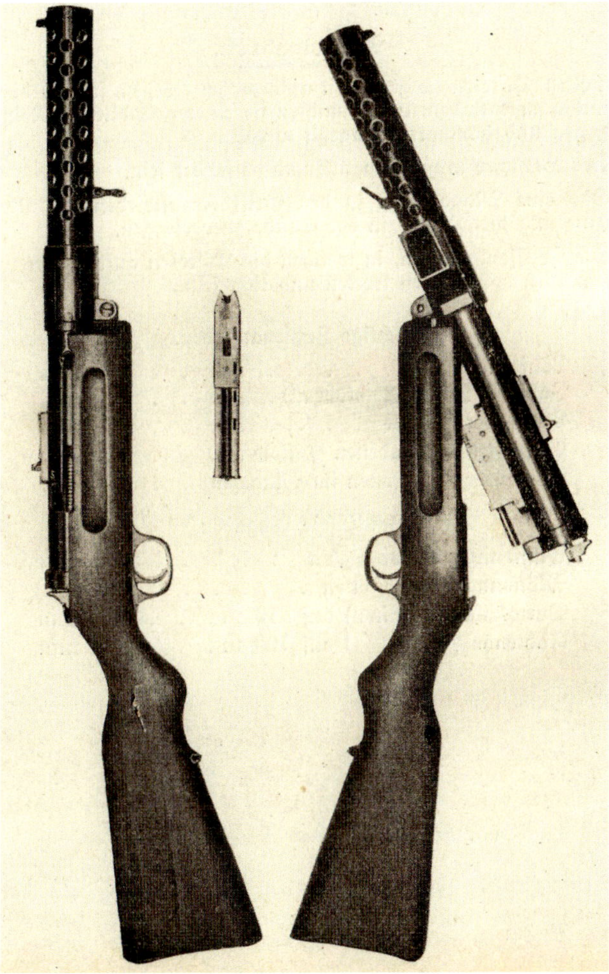

Fahrrad mit Karabiner 98k

Hersteller (Codierung)	**unbekannt**
Baujahr Rahmen-Nr.	1943 - 248862
Länge x Breite x Höhe	1950 x 510 x 1080 mm (1150 mm mit Halterung)
Leergewicht	25 kg
Bereifung	28x1,75 Drahtreifen (Continental)
Ausstattung	Expreß-Lenker mit Griffen aus Zelluloid (Zellhorn) Tretstücke mit Tretstrahlern Sattel mit Gummi-Decke (Drilastic) Dynamo (Bosch), Scheinwerfer (Firma unbekannt) mit Verdunklungskappe aus Kunstleder, Rückstrahler Werkzeugtasche, Luftpumpe Gepäckträger (Pallas)
Sonderausstattung	Satz Befestigungsvorrichtung zur Aufnahme eines Karabiners 98k

Der Hersteller dieses Truppenfahrrades aus dem Jahr 1943 ist unbekannt. Das frühe geschmiedete Kettenrad könnte auf eine Herstellung bei den Firmen Patria, Stricker oder Wanderer hinweisen, die ähnliche Kettenräder verwendeten.

Erst 1943 erfolgte die offizielle Einführung von Befestigungsvorrichtungen zum Mitführen des Karabiners 98k am Fahrrad (Heerestechnisches Verordnungsblatt, 1. Ausgabe vom 1.5.1943, Nr. 5). Jede Radfahrschwadron und -kompanie sollte 124 Befestigungsvorrichtungen erhalten, die ohne Anforderung durch das O.K.H. (Fz-In) zugewiesen wurden.

Es stellt sich die Frage, wieso diese Befestigungsvorrichtungen erst Mitte 1943 (wieder) eingeführt wurden. Bereits nach der Jahrhundertwende gab es Gewehrhalterungen für Fahrräder. Das Gewicht des Karabiners ist mit etwa 4 kg im Vergleich zu anderen auf dem Fahrrad mitzuführenden Waffen gering. Sicher reibt die Waffe beim Rückentransport auf längeren Strecken an Schulter und Rücken. Auch ist sie bei der Befestigung am Fahrrad Verschmutzungen, bei der Fahrt durch unebenes Gelände eventuell Beschädigungen ausgesetzt. Plausibler erscheint eine andere Erklärung. Die typischen Aufgaben fahrradbeweglicher Einheiten (Aufklären und Fahren an der Spitze) ziehen eine engere Fühlung zum Feind nach sich. Das erfordert die schnelle Herstellung der Feuerbereitschaft, die durch die Befestigung der Waffe am Fahrrad verkürzt wird. *

Das hier vorgestellte Fahrrad hatte im Sommer 1944 während der Kämpfe in der Normandie Verwendung gefunden und war dort in den 1980er Jahren von einem Schrottplatz geborgen worden.

Der bei der Restaurierung des Fahrrades aufgebrachte, in der Reichswehr vorgegebene Buntfarbenanstrich war allerdings gemäß HVBl Nr. 9 vom 28.04.1930 in Fortfall gekommen. Die einzelnen Teile wurden nun mattschwarz lackiert oder brüniert. Das schließt nicht aus, dass während des Krieges Fahrräder von der Truppe selbst mit einem Buntfarbenanstrich versehen worden sind.

* Ein durchgeführter Feldversuch bestätigte diese Aussage - der aus der (improvisierten) Halterung genommene Karabiner war zwei bis drei Sekunden schneller in Feuerbereitschaft als der auf dem Rücken transportierte.

Karabiner 98k

Herstellung	1935 - 1945
Länge	1110 mm
Gewicht	3,9 kg
Kaliber	7,92 mm
Anfangsgeschwindigkeit	750 m/s
Feuergeschwindigkeit	10 Schuss/min
Schussweite	400 - 2000 m
Durchschlagleistung 900 Auftreffwinkel, 100 Entfernung	5 mm
System / Funktionsweise: Mehrladekarabiner System Mauser mit Zylinderdrehverschluss und Ladestreifen für fünf Patronen.	

Der Karabiner 98k gehört, wie auch das Gewehr 98 sowie der Karabiner 98 a und b, zu den Schusswaffen 98. Er zeichnet sich durch eine um 140 mm kürzere Gesamtlänge und eine seitliche Riemenbefestigung aus. Nach der Wiedereinführung der Allgemeinen Wehrpflicht im Jahr 1935 fand er als die Standardwaffe der Mannschaftsdienstgrade in allen Teilstreitkräften der ehemaligen Deutschen Wehrmacht, in der Waffen-SS und der SS-Ordnungspolizei wie auch im Reichsarbeitsdienst Verwendung. Der Richtpreis lag bei 70 Reichsmark.

In der Ausbildungsvorschrift von 1937[1] ist festgelegt, dass der Karabiner »vom Radfahrer auf dem Rücken von der rechten Schulter zur linken Hüfte getragen [wird]. Während des Marsches kann das Gewehr auf Befehl auch um den Hals gehängt werden. Nach dem Absitzen zum Kampf wird das Gewehr so getragen, wie es dem Schützen am handlichsten ist.«
Mit dem Karabiner 98k ausgestattete fahrradbewegliche Verbände können an dieser Stelle nur beispielhaft genannt werden. In einer Radfahrschwadron (KStN Nr. 353 vom 1.9.1939) gab es neben der Gruppe Führer, der Granatwerfergruppe und dem Tross drei Radfahrerzüge mit jeweils 43 Mann mit 33 Karabinern. Von den 35 Soldaten eines Infanterie-Radfahrerzuges (KStN Nr. 183 vom 1.2.1941) trugen 30 einen Karabiner 98k. In einer Füsilierkompanie (auf Fahrrädern) (KStN Nr. 131 c vom 1.10.1944) waren 100 der insgesamt 156 Soldaten mit einem Karabiner 98k ausgerüstet.

1942 erfolgte die offizielle Einführung des Gewehrgranatgerätes zum Kampf gegen Ziele außerhalb der Handgranatenwurfweite. Es wurde auf die Gewehrmündung des Karabiners 98k geklemmt.
Auch die fahrradbeweglichen Kompanien und Schwadrone erhielten jeweils neun dieser Gewehrgranatgeräte (bestehend aus einem Schießbecher und einem Granatvisier), die von den Gewehrgranatschützen in Taschen, die Munition in Tragetaschen oder -beuteln (30 Granat-Spreng- und 20 Granat-Panzer-Granaten) auf den Fahrrädern mitgeführt wurden.

1 H.Dv. 299/3. Ausbildungsvorschrift für die Kavallerie. Heft 3. Die Radfahrschwadron. Vom 7.9.1937, S. 11

Fahrrad mit Sturmgewehr 44

Hersteller (Codierung)	unbekannt
Baujahr - Rahmen-Nr.	1943 - H14790
Länge x Breite x Höhe	1900 x 510 x 1100 mm (mit Halterung)
Leergewicht	21 kg
Bereifung	28x1,75 Drahtreifen (Veith)
Ausstattung	Expreß-Lenker mit Gummi-Griffen Tretstücke mit Tretstrahlern Sattel aus Gummi (Gefrag) Dynamo (Standard), Scheinwerfer mit Verdunklungskappe (FAKO), Rückstrahler Werkzeugtasche, Luftpumpe Gepäckträger (Pallas)
Sonderausstattung	Halterung mit vier Schellen für MPi-44 am Rahmen, Halterung mit zwei Schnappverschlüssen und einem Schutzbügel für eine T-Mine 42

Das hier gezeigte Fahrrad trägt ein Steuerkopfschild mit dem Namen »Brandenburg«. Diese Marke war nicht geschützt und wurde deshalb von mehreren Fahrradfabriken genutzt. Auf diese Weise konnte man unter einem anderen Namen preisgünstigere Produkte verkaufen. In der Zeitschrift *Radmarkt und Reichsmechaniker* (Exportausgabe Nr. 2488 vom 28.01.1939) warnte die Firma Brennabor nach einem ergangenen Gerichtsurteil vor dem Verkauf von Fahrrädern mit Steuerkopfschildern, die der Brennabor-Marke nachgeahmt waren.

Das Fahrrad mit dem späten gepressten Einheits-Kettenrad war mit Halterungen zum Transport eines Sturmgewehres 44 (Maschinepistole 44) und einer T-Mine 42 bestückt.

Bei der Restaurierung wurde das Gewehr an einer Halterung für das MG-Dreibein montiert. Diese Art des Transportes der Waffe erscheint für die Bewegungsfreiheit beim Fahren als ungünstig. Soldaten fahrradbeweglicher Panzerjagdkommandos trugen die Waffe auf dem Rücken, da am Lenker die Panzerfäuste befestigt waren.

Sturmgewehr 44 (vorher als Maschinenpistole 43 und 44 bezeichnet)

Herstellung	**1943 - 1945**
Länge	935 mm
Gewicht mit Riemen und Magazin	5,5 kg
Kaliber	7,92 mm
Anfangsgeschwindigkeit	685 m/s
Feuergeschwindigkeit	90 Schuss pro Minute
Schussweite Feuerstoß - Einzelfeuer	300 m - 600 m
System / Funktionsweise: vollautomatischer Gasdrucklader mit Kippblockverschluss und angebohrtem Lauf und auswechselbarem Stangenmagazin für 30 Patronen	

Das vollautomatische Infanteriegewehr kam ab 1943 zur Truppe, zunächst als Maschinenpistole 43, später als Maschinenpistole 44 bezeichnet. Erst Ende 1944 wurde der Suggestivname Sturmgewehr 44 eingeführt. Der Richtpreis für eine Waffe lag bei 66 Reichsmark.

Die neue Handfeuerwaffe gehörte u.a. zur Ausstattung der fahrradbeweglichen Füsilier-, Grenadier- und Jägerkompanien. Der 1. und der 2. Maschinenpistolen-Radfahrzug einer Füsilierkompanie auf Fahrrädern (KStN Nr. 149 V vom 1.9.1944) verfügten über jeweils 26 Waffen dieses Typs, in Grenadierkompanien (KStN Nr. 131 c V vom 1.11.1944) erhielten Sturmzüge* jeweils 25 Sturmgewehre 44. In Panzergrenadierkompanien (fahrradbeweglich) (freie Gliederung) (KStN Nr. 1114b vom 1.11.1944) waren 37 der jeweils 38 Mann der drei Sturmzüge mit Sturmgewehren 44 bewaffnet.

Noch am 20. April 1945 erschien die Kriegsstärkenachweisung Nr. 1148 für eine Heeres-Panzer-Jagdkompanie (fahrradbeweglich) mit einer Gesamtstärke von 91 Mann (6 Offiziere, 15 Unteroffiziere, 70 Mannschaften), von denen 81 mit einem Sturmgewehr 44 ausgestattet werden sollten. Vermutlich war das zu diesem Zeitpunkt illusorisch, schon in der genannten Kriegsstärkenachweisung steht: »Änderung der Ausstattung: Bei fehlender Ausstattung an Sturmgewehren sind M.P. und in Ausnahmefällen Karabiner zuständig. (In letzterem Fall jedoch mindestens je Jgd.-Kdo. 1 le. M.G.)«.

* Mit der Einführung des Suggestivnamens »Sturmgeschütz 44« (offizielle Einführung am 9.12.1944) erhielten auch die Maschinenpistolen-Radfahrzüge eine neue Bezeichnung – sie hießen fortan Sturmzüge.

Fahrrad mit leichtem Maschinengewehr 08/15

Hersteller	**Expreß-Fahrradwerke AG Neumarkt**
Baujahr - Rahmen-Nr.	1917 - 279807
Länge x Breite x Höhe	1790 x 480 x 940 mm
Leergewicht	19,5 kg
Bereifung	26x1,75 (Pneumant/DDR)
Ausstattung	Expreß-Lenker mit Griffen aus Zelluloid (Zellhorn) (Expreß) Tretstücke Sattel Karbidlampe mit Lampenhalter an der Vorderachse Gepäckträger
Sonderausstattung	Halterungen für ein Maschinengewehr 08

Die Expreß-Fahrradwerke AG Neumarkt in der Oberpfalz entstanden aus der 1884 gegründeten Velocipedfabrik »Goldschmidt & Pirzer«. Die Firma erwarb mehrere Deutsche Reichspatente, so z.B. für den abnehmbaren Expreß-Lenker, der keine Erfindung für militärische Fahrräder war.

Am 10.07.1914 erhielt die Firma das Patent für ein klappbares Militärzweirad, das den Transport von Teilen eines Maschinengewehrs ermöglichte. Dazu wurde das Sattelstützrohr unterhalb Sattel abgebogen, was ein Tieferlegen des Oberrohres ermöglichte. Die Lenkstange erhielt die Form eines tiefen Bügels. Auf diese Weise entstand zwischen den Bügelenden des Lenkers bis unter den Sattel ein freier Raum für die Unterbringung des Maschinengewehrs.
Zum Transport der Munition und zur besseren Gewichtsverteilung konnte ein Frontgepäckträger montiert werden. Nähere Angaben dazu ließen sich nicht finden.

Der Besitzer des Fahrrades hatte zunächst nur den Fahrradrahmen ohne Vorderradgabel erstanden. Auf dem Steuerrohr befindet sich über dem Steuerkopfschild eine Punze der Expreßwerke.
Alle fehlenden Originalteile konnten mühsam beschafft werden: der Expreß-Lenker mit Stempelbremse, Doppelrippenfelgen, eine verstärkte Vorderradnabe, eine Hinterradnabe von Fichtel & Sachs, der fehlende linke Pedalarm, die Pedale, eine 5/8-Zoll-Fahrradkette, ein gefederter Ledersattel mit abgewinkelter Sattelstütze, ein Gepäckträger mit Halterung für ein Kochgeschirr, der Karbidlampenhalter zur Befestigung an der Vorderradachse sowie die Halterungen für das Maschinengewehr. Das Maschinengewehr 08/15 ist ein Nachbau aus Holz im Maßstab 1:1.

Im Infanterie-Konstruktionsbüro Spandau entstanden von März bis Oktober 1918 Zeichnungen von Befestigungsvorrichtungen zum Transport von MG-Ausrüstungsteilen: für den kleinen Patronenkasten 16 (für das Munitionsrad), für das Lauffutteral und eine Vorratstasche (für das Gruppenführerrad) sowie für ein MG 08/18, eine Gabelstütze und einen langen Hülsenauszieher (für das Richtschützenrad). Das Ende des Ersten Weltkrieges und die Bestimmungen des Versailler Vertrages verhinderten die Einführung im deutschen Heer.

Leichtes Maschinengewehr 08/15 und 08/18

	08/15	08/18
Herstellung / Baujahre	ab 1915	ab 1918
Länge	1390 mm	
Gewicht als lMG mit Zweibein	19,5* kg	13,5 kg
Kaliber	7,92 mm	
Anfangsgeschwindigkeit	900 m/s	
Feuergeschwindigkeit	400-500 Schuss/min	500-600 Schuss/min
Schussweite	1200 m	
Kühlung	Wasser	Luft
Durchschlagleistung gegen Panzerstahl	7,5 mm	
System / Funktionsweise: wasser- bzw. luftgekühlter Rückstoßlader mit beweglichem Lauf und starr verriegeltem Kniegelenkverschluss, Munitionszuführung aus Gurtkasten mit 250 oder 100 Patronen oder aus Gurttrommel mit 50 Patronen		

* mit 2.8 Liter Kühlwasser

Das wassergekühlte leichte Maschinengewehr 08/15 und das luftgekühlte leichtere Maschinengewehr 08/18 waren bereits während des Ersten Weltkrieges zur Einführung gekommen. Sie spielten in den Infanteriekompanien, die über je einen 18 Mann starken MG-Trupp mit drei Waffen verfügten, eine wichtige Rolle im Feuerkampf. Am 15. März 1918 erschien die Vorschrift D.V.E. Nr. 452 *Ausrüstungsnachweis für einen leichten MG-Trupp einer Radfahrerkompagnie zu drei MG 08/18 auf Fahrrädern (mit Sondergerät)*. Danach wurde ein leichtes MG 08/18 folgendermaßen auf die fünf Fahrräder einer MG-Gruppe* verteilt:

- Gewehrführer: ein Lauffutteral mit zwei Reserveläufen und einem kleinen MG-Wischstock 15, eine Gefechtsvorratstasche, ein Patronenkasten 15 mit einem Vorratskasten 18
- Richtschütze: das eigentliche MG 08/18, eine Gabelstütze, ein langer Hülsenauszieher und MG-Tragriemen 08/15 mit Karabinerhaken und Ansteckkolben 08/18 (umgehängt, nicht am Rad)
- drei Schützen: je ein Patronenkasten 15 mit 250 gegurteten Patronen und je ein Patronenkasten 15 mit 100 gegurteten Patronen.

Daneben trug jeder Radfahrer noch eine Pistole 08 sowie eine Rückentrage mit seinem Sturmgepäck, auf der in besonderen Fällen noch ein Patronenkasten untergebracht werden konnte.

Eine Weiterverwendung fahrradbeweglicher MG-Trupps in der Reichswehr kam nicht zustande; ihre Unterhaltung war nach den Bestimmungen des Versailler Vertrages untersagt. 1922 wurden zahlreiche Vorschriften zur Verwendung des Maschinengewehrgerät 08 außer Kraft gesetzt (HVBl Nr. 4 vom 28.01.1922).

* Waren leichte Maschinengewehre 08/18 nicht verfügbar, traten an ihre Stelle leichte Maschinengewehre 08/15.

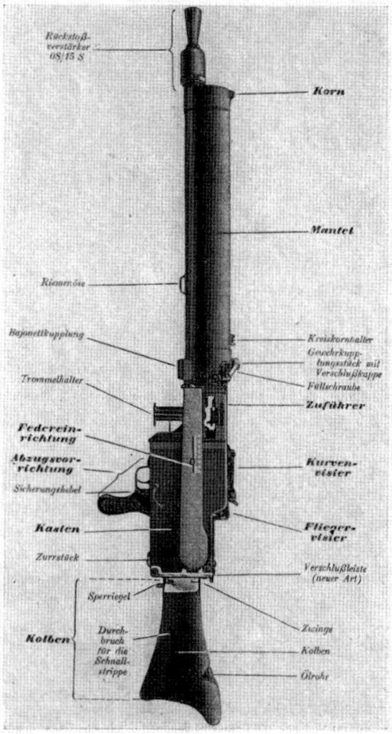

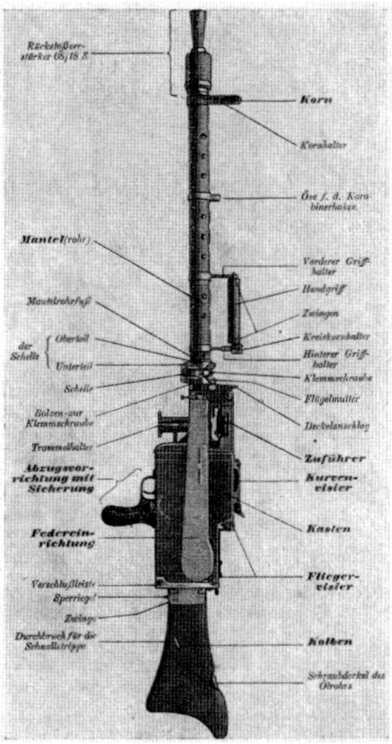

Fahrrad mit Maschinengewehr 34 als leichtes MG

Hersteller (Codierung)	»Meister«-Fahrradwerke Ehrhardt Doppelt Bielefeld (bjn)
Baujahr - Rahmen-Nr.	1944 - 1364832
Länge x Breite x Höhe	1950 x 510 x 1100 mm
Leergewicht	25 kg
Zuladung	ohne
Bereifung	28x1,75 Drahtreifen (Phoenix)
Ausstattung	Expreß-Lenker mit Griffen aus Zelluloid (Zellhorn) Tretstücke mit Tretstrahlern Sattel Dynamo, Scheinwerfer (Bosch), Verdunklungskappe aus Pappe, Rückstrahler Werkzeugtasche (Lepper), Luftpumpe Gepäckträger (Pallas)
Sonderausstattung	Satz Befestigungsvorrichtungen für MG-34

Im August 1921 gründeten August Plöger und Emil Köchlin die Meister Fahrrad-GmbH. Neben Fahrrädern wurden ab 1924 vornehmlich Leichtmotorräder in vielen Ausführungen produziert. Seit 1936 trug die Firma den Namen Meister Fahrrad-Werke Erhard Doppelt.

Bereits in der Dienstvorschrift von 1935 gehörten 9,53 mm starke Vorderradachsen zu den technischen Fertigungsbedingungen für Truppenfahrräder. Dennoch erschien 1938 eine Anweisung (HVBl 1938 Teil C, Blatt 25 vom 25.8.1938, Nr. 729), bei Fahrrädern, auf denen MG-Gerät mitgeführt wird, 7,93 mm starke durch 9,53 mm starke Achsen zu ersetzen. Vermutlich galt diese Anweisung für die nicht auf dem Verwaltungsweg beschafften Fahrräder.
Ab 1939 wurden Befestigungsvorrichtungen zum Mitführen des Maschinengewehrs 34 vom Heereszeugamt Naumburg an die Truppe ausgegeben (HVBl 1939 Teil C, Blatt 5 vom 15.2.1939, Nr. 160). 1940 erfolgte eine Neuregelung (HVBl 1940 Teil C, Blatt 14 vom 23.4.1940, Nr. 198). Danach dienten zum Transport der Waffe ein vorderes Lager am Unterrohr, ein hinteres Lager am Sitzrohr und ein Kolbenhalter am Oberrohr. Sie waren durch Schellen am Rahmen anzubringen.
Das vordere Lager besaß eine Grundplatte, auf der sich vorn der mit einem Verschluss versehene aufklappbare MG-Träger und hinten die verstellbare Auflage für das Waffengehäuse befanden. Das hintere, mit Leder ausgeschlagene Lager diente der Aufnahme des Bodenstückes. Der Kolbenhalter war durch eine Verbindungsschiene mit dem vorderen Lager verbunden, die die Last vom Ober- auf das Unterrohr verteilte. Vor dem Kolbenhalter wurde ein Schnallriemen zum Hochschnallen des Tragriemens am Oberrohr befestigt.
Für den Transport des Dreibeins gab es eine Stütze, die mit zwei Schellen am Ober- und Unterrohr befestigt wurde und an deren oberen Ende ein zweiteiliges Lager zur Aufnahme eines Beines angeschweißt war. Eine ebenfalls mit zwei Schellen am Sitzrohr zu befestigende Lagerplatte mit drei Bohrungen diente der Aufnahme der Spornspitzen des Dreibeins.
Zur Befestigung des Laufschützers waren eine Stütze (von gleicher Form wie für das Dreibein) sowie ein verstellbares Lager am Oberrohr vorgesehen.
Der mit einem Falldeckel mit Verschluss versehene Behälter für den Patronenkasten wurde mit zwei Schellen am Oberrohr befestigt.

Maschinengewehr 34 (MG 34)

Herstellung / Baujahre	1934 - 1945
Länge	1225 mm
Gewicht mit Zweibein	12 kg
Kaliber	7,92 mm
Anfangsgeschwindigkeit	755 mm
Feuergeschwindigkeit als lMG / als sMG	120 / 350 Schuss/min
Schussweite	800 - 1200 m
Durchschlagleistung gegen Panzerstahl auf 100 m	5 - 7,5 mm
System / Funktionsweise: luftgekühlter Rückstoßlader mit geradlinigem Drehverschluss, Munitionszufuhr als lMG aus Gurttrommel 34 oder Patronenkasten 34 und 41	

Das MG 34 war das erste deutsche Einheits-MG. Es konnte als leichtes oder schweres Maschinengewehr verwendet werden. Die Zuführung der Patronen erfolgte über eine Gurttrommel oder über einen Gurtkasten. Der Richtpreis einer Waffe lag bei 327 Reichsmark.

Im Folgenden soll die Verwendung des Maschinengewehr 34 als leichtes MG dargestellt werden, die sinngemäß auch auf das leichte Maschinengewehr 42 zutraf.
Zunächst waren lMG-Trupps in den Schützengruppen für Transport und Bedienung des leichten Maschinengewehrs 34 zuständig. Nach der Dienstvorschrift D. 127/1 »Anleitung für die Bedienung und Verwendung des M.G. 34 Teil I als l.M.G.« vom 11. Oktober 1936 transportierten vier Soldaten die Waffe und einen Teil der Munition auf ihren Fahrrädern, der Rest musste auf Fahrzeugen mitgeführt werden. 1940 entfiel die Unterteilung der Schützengruppen in Schützen- und lMG-Trupps (AHM 1940, Nr. 272 vom 27.2.1940). Fortan gehörte zu jeder 13 Mann starken Schützengruppen fahrradbeweglicher Schwadrone der Aufklärungsabteilungen und Infanterie-Kompanien ein leichtes Maschinengewehr, das mit Munition, Zubehör und Vorratssachen folgendermaßen auf neun der 13 Fahrräder der Gruppe verteilt war (Merkblatt zum Einlegen in die H.Dv. 299/3. Die Radfahrerschwadron, Vom 15. Mai 1940):
Gruppenführer: Vorratsbefestigungen für ein MG 34
stellvertretender Gruppenführer: Behälter für einen Patronenkasten (leer)

- Schütze 1 (Richtschütze): MG 34, Zweibein, Tragriemen und Bezug für MG, ein Gurttrommelträger 34 mit zwei Gurttrommeln 34 (mit je 50 Schuss) auf dem Gepäckträger
- Schütze 2 und 3: jeweils ein Laufschützer mit einem Vorratslauf sowie ein Patronenkasten (mit 300 Schuss) im Behälter
- Gewehrschütze 4: ein Gurttrommelträger 34 mit zwei Gurttrommeln 34 (mit je 50 Schuss) auf dem Gepäckträger
- Gewehrschütze 5: eine Befestigungsvorrichtung für Dreibein, ein Dreibein (nur ein Schütze 5 des Zuges), ein Patronenkasten (mit 300 Schuss) auf dem Gepäckträger (alle übrigen Schützen 5)
- Gewehrschütze 8 und 9: ein Patronenkasten (mit 300 Schuss) im Behälter,

Daneben trug jeder Radfahrer noch seine ihm nach KStN zustehende persönliche Waffe, sein Gefechtsgepäck und eine Zeltplane auf dem Gepäckträger. Die Schützen 4, 6 und 7 transportierten außerdem noch jeweils einen Behälter mit drei Handgranaten.

Eine Aufklärungsschwadron (KStN Nr. 331 vom 1.12.1943) verfügte über neun, eine Panzergrenadierkompanie (fahrradbeweglich) (freie Gliederung) (KStN Nr. 1114 b vom 1.11.1944) über zwölf leichte Maschinengewehre 34 oder 42.

Fahrrad mit Maschinengewehr 42 als schweres MG

Hersteller (Codierung)	unbekannt
Baujahr - Rahmen-Nr.	1942 - 15554
Länge x Breite x Höhe	1950 x 510 x 1100 mm
Leergewicht	25,6 kg
Zuladung	11,6 kg MG-42
Bereifung	28x1,75 Drahtreifen (Continental)
Ausstattung	Expreß-Lenker mit Griffen aus Zelluloid (Zellhorn) Tretstücke mit Tretstrahler Sattel mit Kunstleder-Decke Dynamo, Scheinwerfer, Verdunklungskappe aus Bakelit, Rückstrahler Werkzeugtasche (Lohmann), Luftpumpe Gepäckträger (Pallas)
Sonderausstattung	Satz Befestigungsvorrichtungen für MG-42

Der Hersteller dieses Truppenfahrrades aus dem Jahr 1943 ist unbekannt. Das frühe geschmiedete Kettenrad könnte auf eine Herstellung bei den Firmen Patria, Stricker oder Wanderer hinweisen, die ähnliche Kettenblätter verwendeten.
Das Fahrrad war 1944 in der Normandie zurückgeblieben und erst in den 1980er Jahren auf einem Schrottplatz gefunden worden.
Die Halterungen zum Transport des MG 42 sind die gleichen wie für das MG 34.

Maschinengewehr 42 (MG 42)

Herstellung / Baujahre	**1942 - 1945**
Länge mit Schulterstütze	1230 mm
Gewicht	10,6 kg
Kaliber	7,92 mm
Anfangsgeschwindigkeit	820 m/s
Feuergeschwindigkeit (theoretisch)	1500 Schuss/min
Schussweite als lMG / als sMG	800 / 3500 m
Durchschlagleistung 600 Auftreffwinkel, 100 Entfernung	6-7,5 mm
System / Funktionsweise: luftgekühlter Rückstoßlader mit beweglichem Lauf und starr verriegeltem Bolzenverschluss, Munitionszufuhr als sMG aus Gurtkasten 34 oder 41	

Das Maschinengewehr 42 entstand als vereinfachte und verbilligte Weiterentwicklung des Maschinengewehr 34 und konnte – wie dieses – als leichtes und als schweres Maschinengewehr eingesetzt werden. Eine Waffe kostete etwa 250 Reichsmark.

Das MG 42 war weniger schmutzempfindlich und zeichnete sich durch eine höhere Feuergeschwindigkeit aus, was vor allem für die Verwendung als schweres Maschinengewehr von Vorteil war. Schwere Maschinengewehre wurden in fahrradbeweglichen

Einheiten zunächst auf vier Motorrädern verlastet, später jedoch auf Fahrrädern transportiert.
Zur Bedienung eines schweren Maschinengewehr 42 gehörten sechs Mann. Die Waffe, das Zubehör und ein Teil der Munition (1900 Schuss mit einem Netto-Gewicht von ca. 50 kg) waren folgendermaßen auf sechs Fahrrädern verteilt:

- Gewehrführer: MG-Zieleinrichtung 40, Doppelfernrohr, Laufschützer mit 1 Vorratslauf,
- 1 Patronenkasten 34 oder 41
- MG-Schütze 1: MG 42, Zweibein, Trageriemen
- MG-Schütze 2: MG-Lafette 42
- MG-Schütze 3 und 4: Laufschützer mit 1 Vorratslauf, 2 Patronenkästen 34 oder 41, Tragegurt für MG
- MG-Schütze 5: 1 Patronenkasten 34 oder 41, 1 Lafettenaufsatzstück 34,
- 1 Gurttrommelträger mit 2 Gurttrommeln 34 (auf Befehl, ansonsten zweiter Patronenkasten

Daneben trug jeder Radfahrer noch seine persönliche Waffe sowie sein Gefechtsgepäck und verschiedene Ausrüstungsgegenstände (Spaten, Drahtschere u.a.).

In den beiden s.M.G.-Radfahrzügen der schweren Kompanien von Grenadierbataillonen (auf Fahrrädern) (KStN Nr. 151 c V vom 1.9.1944) waren jeweils zwei Gruppenführer, vier Gewehrführer und 16 Mannschaftsdienstgrade mit 22 Fahrräder für Transport und Einsatz von je vier schweren Maschinengewehren zuständig. Zur Ausstattung der s.M.G.-(Radfahr-)Gruppen in den Füsilierkompanien (auf Fahrrädern) (KStN Nr. 131 c vom 1.10.1944) gehörten zwei schwere MG 42. Eine schwere Panzergrenadierkompanie (fahrradbeweglich) (freie Gliederung) (KStN Nr. 1115 b vom 1.11.1944) führte in ihren drei s.M.G.-Zügen zusammen zwölf schwere Maschinengewehre 42 mit.

Kriegsstärkenachweisung (Heer)

Nr. 1115 b (fG)
(Seite a – b)

Seite a

Nr. der Zeile	Stellengruppen	Kriegsetat 44 schwere Panzergrenadierkompanie (s.MG.) (fahrradbeweglich) und 2 cm Fla (Sf) (fG) (schw. Panz. Gren. Kp. (s.M.G. (fdbew) und 2 cm-Fla (Sf.)) (frei)	Kopfzahl: Offiziere	Kopfzahl: Beamte	Kopfzahl: Unteroffiziere	Kopfzahl: Mannschaften	Waffen: Gewehre, Karabiner	Waffen: Pistolen (Masch.Pist.)	Waffen: s-M.G. (le.M.G.)	Waffen: besp. (unbesp.) Geschütze und Werfer	Fahrzeuge: besp. (unbesp.) Fahrzeuge (Wasserfahrz.)	Fahrzeuge: Krad (Krad mit Seitenwg.)	Fahrzeuge: Personenkraftwagen Lastkraftwagen	Fahrzeuge: Zugkraftwagen (Vollkettenschlepper)	Fahrzeuge: gp. Vollketten-Kfz (gp. Halbketten-Kfz)	Fahrzeuge: Fahrräder (Anhänger) [Eisenbahnfahrzeuge]
1		a) Gruppe Führer														
22		Summe zu a) Gruppe Führer	1		6	12	14	3 (2)				1 (2)	2 (2)			2
23		b) 1. (s MG) Zug (fdbew)														
24	Z	Zugführer	1					(1)								1
25		Zugtrupp														
26	O	Truppführer			1			(1)								1
27	M	Melder (zugl. Sprechfunker)				2	2									2
28	M	Krankenträger				1		1								1
29	M	Fahrradschlosser (zugl. Wffm.Geh.)				1	1									1
30		2 Gruppen														
31	U	MG-Führer (2 zugl.Gru.Führ.)			4			(4)								4
32	M	sMG-Schützen				20	12	8								20
33	M	Kraftwagenfahrer für PKW				2	2									
34		schwere Maschinengewehre							4				2			
35		leichte Personenkraftwagen, gl (4sitzig) für Munition- und Lafettentransport														
36		Summe zu b) 1. (s MG) Zug (fdbew)	1		5	26	17	9 (6)	4				2			30
37		c) 2. (s MG) Zug (fdbew) wie 1. (jedoch Zugführer St.Gr. „O")			6	26	17	9 (6)	4				2			30
38		d) 3. (s MG) Zug (fdbew) wie 2.			6	26	17	9 (6)	4				2			30
Seite b																
1		e) 4. (le. Fla-) Zug (2 cm) (6 Geschütze) (Sf.)														
24		Summe zu e) 4. (le. Fla-) Zug (2 cm) (6 Gesch.) (Sf.)	1		7	32	23	7 (8)	(1)	(6)		(1)	1 (1)	6		(6)
25		Zusammenstellung														
26		a) Gruppe Führer	1		6	12	14	3 (2)				1 (2)	2 (2)			2
27		b) 1. (s MG) Zug (fdbew)	1		5	26	17	9 (6)	4				2			30
28		c) 2. (s MG) Zug (fdbew)			6	26	17	9 (6)	4				2			30
29		d) 3. (s MG) Zug (fdbew)			6	26	17	9 (6)	4				2			30
30		e) 4. (le. Fla-) Zug (2 cm) (6 Gesch.) (Sf.)	1		7	32	25	7 (8)	(1)			(1)	1 (1)	6		(6)
31		**Gesamtstärke** schw. Panz.Gren.Kp. (sMG (fdbew) und 2 cm Fla (Sf) (fG)	3		30	122	80	37 (28)	**12** (1)	(6)		1 (3)	9 (3)	6		**92** (6)

Außerdem:
Zusätzlich 10 Fahrräder als Reserve.

Anmerkungen:
1. 6 Köpfe sind als Hi.Kr.Trg. zu bestimmen
2. Von den „G" Stellen (ohne Sonderlaufbahnen) sind 3 Oberfeldwebel- und 4 Feldwebelstellen
3. Ein Unteroffizier ist als Gasschutzunteroffizier einzuteilen.
4. Die Einheit bildet einen Gasspürtrupp, bestehend aus 1 Führer und 3 Mann und einen Truppen-Entgiftungstrupp, bestehend aus 1 Führer und 6 Mann, darunter, soweit vorhanden, 1 Sanitäts-Dienstgrad oder Krankenträger. Siehe H Dv 395/1 Anlage 11.

Änderung der Ausstattung:
I. An Stelle der Selbstfahrlafetten (Sd Kfz 10/5) können Lastkraftwagen 2t, offen, gl treten.
II. Falls Krafträder mit Seitenwagen nicht lieferbar, sind le PKW gl (3sitzig) zuständig.

Datum: 1.11.1944

Gekürzte Abschrift der Kriegsstärkenachweisung (siehe Anlage 5) für eine fahrradbewegliche schwere Panzergrenadierkompanie

Fahrrad für Panzerabwehrbüchse 39

Hersteller (Codierung)	**unbekannt**
Baujahr - Rahmen-Nr.	1943 - 113973
Länge x Breite x Höhe	1980 x 580 x 1130 mm
Leergewicht	22,3 kg
Zuladung	ca. 13 kg Panzerabwehrbüchse 39
Bereifung	28x1,75 Drahtreifen (Continental)
Ausstattung	Expreß-Lenker mit Griffen aus Zelluloid (Zellhorn) Tretstücke mit Tretstrahler Sattel (Vazaz) Dynamo (Impex), Scheinwerfer, Verdunklungskappe aus Textilgewebe, Rückstrahler Luftpumpe Gepäckträger (Pallas)
Sonderausstattung	Satz Befestigungsvorrichtungen für Panzerabwehrbüchse 39

Der Hersteller dieses Fahrrades ist unbekannt. Die Rahmennummer steht auf dem Steuerkopf, nicht auf der Sattelrohrstange. Das Rad ist mit einem späten Einheitskettenrad ausgestattet.

Mit Verfügung vom 08.08.1941 (AHM vom 8.8.1941, Nr. 829) wurde eine Befestigungsvorrichtung für das Mitführen von Panzerbüchsen 39 am Fahrrad eingeführt. Sie bestand aus einem vorderen und einem hinteren Lager. Die Befestigung des vorderen Lagers, eines Trägers mit aufklappbarem Deckel und Verschluss, erfolgte mit Schellen am Ober- und am Unterrohr. Zum Schutz gegen Verschmutzung wurde am Oberrohr außerdem eine Schutzhülle angebracht. Das hintere Lager, ein innen mit Leder bezogener Bügel mit Deckel und Verschluss, wurde mit einer Schelle am Sitzrohr angebracht.

Panzerabwehrbüchse 39 (Panzerbüchse 39)

Herstellung / Baujahre	1940 1941
Länge (mit ausgeklappter Schulterstütze)	1280 (1620) mm
Gewicht (mit Zweibein)	11,6 (12,6) kg
Kaliber	7,92 mm
Anfangsgeschwindigkeit	1210 m/s
Feuergeschwindigkeit	12 - 14 Schuss/min
Schussweite (wirksame)	200 m
Durchschlagleistung 600 Auftreffwinkel, 100 Entfernung	30 mm
System / Funktionsweise: Einzellader mit starrem Lauf und Vertikalblockverschluss	

Die Panzerabwehrbüchse 39 war die von einem Mann zu bedienende Panzerabwehrwaffe der Infanterie in vorderster Linie zur Bekämpfung von gepanzerten Fahrzeugen auf Entfernungen unterhalb von 200 m. Ab 1940 fand sie in den drei Panzerbüchsentrupps der Schützenkompanien Verwendung. Es blieb dem Kompaniechef überlassen, sie zur Panzerabwehr zusammenzufassen oder auf die drei Züge der Kompanie aufzuteilen. In jedem Fall erforderte das eine hohe Beweglichkeit.
Panzerbüchsentrupps einer Schützenkompanie c (KStN Nr. 131 c vom 1.2.1941) waren dem Kompanie- bzw. Schwadronführer unterstellt und bestanden aus einem Unteroffizier und sechs Mannschaftsdienstgraden mit drei Panzerabwehrbüchsen 39 auf sieben Fahrrädern.

Wegen der ungenügenden Durchschlagleistung gegen moderne Kampfwagen wurde die Fertigung der Panzerbüchse 39 im November 1941 eingestellt, ein Teil von ihnen wurde noch zu Granatbüchsen 39 umgearbeitet. An ihre Stelle traten 1943/1944 als wesentlich leistungsfähigere Panzerabwehrwaffen die Panzerfaust und die 8,8-cm-Raketenabwehrbüchse 54.

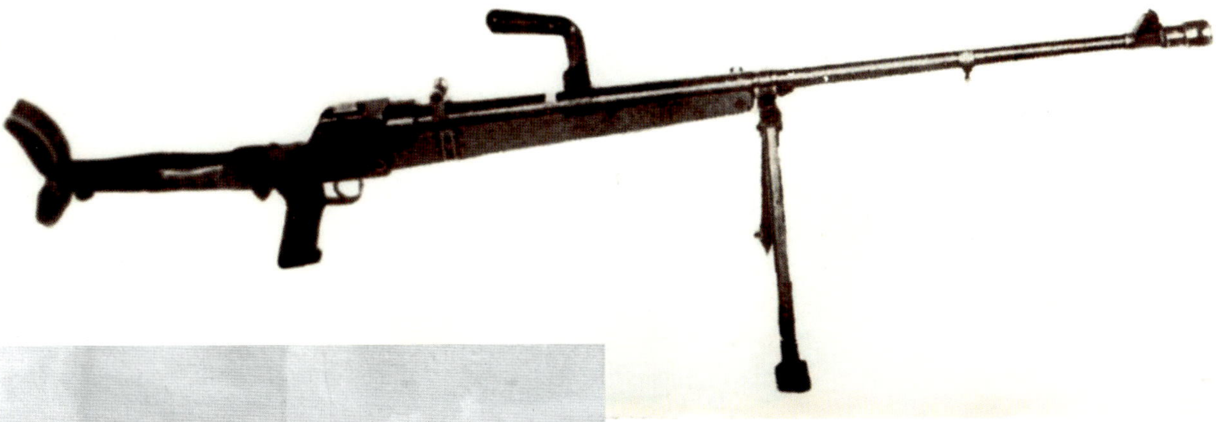

Während einer Marschpause abgestellte Fahrräder von Angehörigen einer Schützenkompanie (auf Rad). Links im Bild die Räder des Panzerbüchsentrupps mit der 7,92-mm-Panzerbüchse 39. Obwohl das Rad über die notwendige Halterung verfügt, ist die Waffe nicht vorschriftsmäßig angebracht.

Fahrrad mit leichtem 5-cm-Granatwerfer 36

Hersteller (Codierung)	**»WKC« Weyersberg, Kirschbaum & Co. GmbH, Solingen (fce)**
Baujahr - Rahmen-Nr.	1943 – 31694 N
Länge x Breite x Höhe	1970 x 510 x 1100 mm
Leergewicht	23 kg
Zuladung	14 kg Granatwerfer
Bereifung	28x1,75 Drahtreifen (Semperit)
Ausstattung	Expreß-Lenker mit Griffen aus Zelluloid (Zellhorn) Tretstücke mit Tretstrahler Sattel (Lepper) Dynamo, Scheinwerfer (Torpedo) ohne Verdunklungskappe Werkzeugtasche, Luftpumpe Gepäckträger (Pallas) Mantelträger
Sonderausstattung	Befestigungsvorrichtung für einen 5-cm-Granatwerfer 36 und Bodenplatte

Die 1883 gegründete Weyersberg, Kirchbaum & Co. GmbH produzierte zunächst nur Fahrradteile, ab 1898 unter dem Markennamen »Patria« komplette eigene Fahrräder. Nach dem Ersten Weltkrieg wurden jährlich etwa 100.000 Stück gefertigt. Für Truppenfahrräder vergab die Firma separate Rahmennummern.

Im Sommer 1941 wurde mit der Ausrüstung von Truppenfahrrädern mit Befestigungsvorrichtungen zum Mitführen des leichten Granatwerfers 36 (AHM vom 8.8.1941, Nr. 829) begonnen. Für den Granatwerfer befanden sich zwei Lager am Oberrohr. Zur Aufnahme der Bodenplatte diente ein Rahmen, der mit Schellen an Ober-, Unter- und Sitzrohr befestigt war.

Für die Aufnahme des Munitionskastens erfolgte die Befestigung eines Rahmens mit zwei Schellen am Oberrohr des Fahrrades. An den oberen Enden des Rahmens befanden sich an Gelenkbändern zwei durch Querstege verbundene Rahmenbügel mit Verschluss, die – heruntergeklappt und verschlossen – den Munitionskasten im Rahmen festhielten.

Leichter 5-cm-Granatwerfer 36

Herstellung / Baujahre	**1936 - 1943**
Länge (Rohr)	350 mm
Gewicht	14 kg
Kaliber	50 mm
Anfangsgeschwindigkeit	75 m/s
Feuergeschwindigkeit	15 - 25 Schuss/min
Schussweite	450 - 500 m
System / Funktionsweise: Vorderlader mit glattem Rohr	

Der leichte 5-cm-Granatwerfer 36 war die kleinste Steilfeuerwaffe der Infanterie im Angriff und diente zur Bekämpfung von Zielen hinter Deckungen auf den letzten 500 m. Der Stückpreis (ohne Richtaufsatz) lag bei 400 Reichsmark.

1937 waren für den Transport des Granatwerfers und der Munition sowie der dreiköpfigen Bedienung, auch in Radfahrschwadronen, noch zwei Motorräder vorgesehen. An ihre Stelle traten 1941 Fahrräder. Radfahrschwadronen (KStN Nr. 354 vom 01.02.1941) verfügten in jedem ihrer drei Züge über einen leichten Granatwerfertrupp. Ähnlich sah die Ausstattung fahrradbeweglicher Schützenkompanien (KStN Nr. 101 vom 1.11.1941) aus. Granatwerfer, Munition und Zubehör waren auf den drei Fahrrädern wie folgt verteilt:

- Truppführer: drei Richtstäbe, ein Tragegestell, ein luftdichter Munitionskasten mit zehn 5-cm-Wurfgranaten.
- Schütze 1 (Richtschütze): zerlegter Granatwerfer (Rohr und Bodenplatte),
- Schütze 2 (Ladeschütze): Zubehör (u.a. Richtaufsatzbehälter, Wischer, Mündungskappe) und zwei luftdichte Munitionskästen mit jeweils 10 5-cm-Wurfgranaten.

Beginnend 1942 wurden die leichten 5-cm-Granatwerfer 36 aus der Bewaffnung herausgelöst. An ihre Stelle traten Gewehrgranatgeräte, mit deren Granaten eine der Munition des leichten Granatwerfers 36 vergleichbare Wirkung erzielt werden konnte und von denen jeder Zug eins einschließlich der Munition und des Zubehörs mitführte.

Fahrrad mit Stielhandgranaten 24

Hersteller (Codierung)	**Fahrrad- und Motorenfabrik »Hercules«-Werke AG, Nürnberg (obb)**
Baujahr - Rahmen-Nr.	1943 - 646283
Länge x Breite x Höhe	1950 x 510 x 1080 mm (1130 mm mit Halterung)
Leergewicht	28 kg
Zuladung	3,44 kg (2 kg Behälter, 480 g Stielhandgranate)
Bereifung	28x1,75 Drahtreifen (Continental)
Ausstattung	Expreß-Lenker mit Gummi-Griffen Tretstücke ohne Tretstrahler Sattel (Wittkop) Dynamo (Rekord), Scheinwerfer (Melas) ohne Verdunklungskappe. Rückstrahler Luftpumpe Gepäckträger (Pallas)
Sonderausstattung	Befestigungsvorrichtung für einen Behälter mit Einsatz für drei Stielhandgranaten 24

Das Truppenfahrrad wurde von der Fahrrad- und Motorenfabrik »Hercules«-Werke hergestellt. Die Fabrik war 1886 als Velozipedfabrik Carl Marschütz & Co. in Nürnberg gegründet, ein Jahr später in Nürnberger Velozipedfabrik Hercules umbenannt worden.

Die Befestigung des Behälters mit einem Einsatz für drei Stielhandgranaten, der ohne Einsatz auch für Maschinengewehr-Gurtkästen 34 oder 41 Verwendung fand, erfolgte mit zwei Schellen am Oberrohr des Fahrrades.

Das Mitführen von Ausrüstungs- und Bekleidungsstücken auf dem Gepäckträger ist häufig individuell gehandhabt worden. Eine einheitliche Regelung gab es wohl erst mit Ausgabe des Rucksackes für Artillerie (Marsch- und Gefechtsgepäck) an Radfahrschwadrone des Feldheeres (AHM 1942 vom 5.11.1942, Nr. 1000). Damit entfielen für diese Einheiten das bisher verwendete Koppeltragegestell für Infanterie und das Gefechtsgepäck. Im Einsatz wurde dieser Rucksack allerdings nicht auf dem Rücken, sondern auf den Fahrzeugen transportiert.

Stielhandgranate 24

Herstellung / Baujahre	1927 - 1945
Gesamtlänge	356 mm
Länge des Topfes	75 mm
Durchmesser des Topfes	60 mm
Gewicht	480 g
System / Funktionsweise: mit der Hand zu werfender Munitionskörper, bestehend aus Topf mit Ladung, Stiel mit Sicherungskappe, Brennzeitzünder mit 4,5 Sekunden Verzögerung und Sprengkapsel Nr. 8 und 165 g Sprengstoff	

Die Stielhandgranate 24 gehört zu den Nahkampfmitteln. Sie ist die Steilfeuerwaffe des Schützen und diente der Bekämpfung von Zielen hinter Wällen, in Häusern, Unterständen, die mit Schusswaffen schwer oder gar nicht erreicht werden konnten. Sie wurden in Angriff und Verteidigung auf Entfernungen bis 30 m verwendet.

Stielhandgranaten zählten auch zur Bewaffnung fahrradbeweglicher Infanterie- und Pioniereinheiten. So führte man in Schützenkompanien 45, in Infanterie-Panzerjäger- und Infanteriegeschützkompanien jeweils 30 und in Pionierkompanien 120 Stück mit. In den 13 Mann starken Schützengruppen von Radfahrschwadronen waren die Schützen 4, 6 und 7 mit Behältern zum Transport von drei Stielhandgranaten 24 und den dazugehörigen Zündmitteln ausgerüstet. Im Einsatz konnten weitere Stielhandgranaten 24 am Koppel mitgeführt werden. Die kleineren Eierhandgranaten fanden, umgehängt am Mann, in Beuteln oder Taschen Platz.

Fahrrad zum Transport der T-Mine 35, T-Mine 35 (Stahl) und T-Mine 42

Hersteller (Codierung)	**unbekannt**
Baujahr - Rahmen-Nr.	1943 - H14790
Länge x Breite x Höhe	1900 x 510 x 1100 mm (mit Halterung)
Leergewicht	21 kg
Bereifung	28x1,75 Drahtreifen (Veith)
Ausstattung	Expreß-Lenker mit Gummi-Griffen Tretstücke mit Tretstrahlern Sattel aus Gummi (Gefrag) Dynamo (Standard), Scheinwerfer mit Verdunklungskappe (FAKO), Rückstrahler Werkzeugtasche, Luftpumpe Gepäckträger (Pallas)
Sonderausstattung	Halterung mit vier Schellen für MPi-44 am Rahmen, Halterung mit zwei Schnappverschlüssen und einem Schutzbügel für eine T-Mine 42
Zuladung	ca. 10 kg T-Mine

Der Hersteller dieses Fahrrades, das ein Steuerkopfschild mit dem Namen »Brandenburg« trägt, konnte nicht ermittelt werden, da dieser Name von verschiedenen Herstellern verwendet wurde (vgl. Fahrrad mit Sturmgewehr 44).
Das Fahrrad mit dem späten gepressten Einheits-Kettenrad war mit Halterungen zum Transport eines Sturmgewehres 44 (Maschinenpistole 44) und einer T-Mine 42 bestückt.
Zur genauen Form der Halterungen zum Transport der Minen konnten keine amtlichen Unterlagen gefunden werden.

T-Mine 35, T-Mine 35 (Stahl) und T-Mine 42

	T-Mine 35	T-Mine 35 (Stahl)	T-Mine 42
Herstellung / Baujahre	1935 - 1942	1942 - 1943	1942 - 1945
Durchmesser	320 mm		
Höhe	105 mm	90 mm	102 mm
Gewicht	9 - 10 kg	9,4 kg	9,4 kg
Auslösedruck	190 kg Mitte 100 kg Rand	300 kg	mindestens 340 kg
Durchschlagleistung gegen Panzer beim Auflegen auf den Panzerstahl	80 - 100 mm		
System / Funktionsweise: Sprengkörper, bestehend aus einem Minenkörper mit einem Druckdeckel, 5,45 kg Sprengstoff, einer Sprengkapsel und einem Druck- oder Zugzünder für die Verlegung bzw. einem Brennzünder für die Panzernahbekämpfung			

T-Minen gehörten während des Zweiten Weltkrieges zu den Sperrmitteln, die von Pionieren in Minenfeldern und -sperren sowie als Streuminen verlegt wurden. Zur Abwehr durchgebrochener gegnerischer Panzer verwendete man sie ab Ende 1941 auch behelfsmäßig in der Panzernahbekämpfung. Dafür wurden als Reserve der Zug- und Kompanieführer Panzernahkampftrupps aufgestellt. Ihre Gliederung, Bewaffnung und Ausrüstung waren unterschiedlich, sie bestanden aber immer aus mindestens zwei Mann – dem Zerstörer und dem Sicherer.

Teilweise wurden die Panzernahkampftrupps auf Fahrrädern beweglich gemacht. Darüber hinaus gab es Pionierkompanien (auf Fahrrad) (KStN Nr. 723 vom 1.4.1944), von deren 146 Fahrrädern 80 zum Transport von T-Minen eingerichtet waren. Sie fanden schwerpunktmäßig bei der Anlage von Schnellminensperren Verwendung, um dem Gegner den Weg in die Tiefe der eigenen Verteidigung zu versperren. 1944 verloren T-Minen für die Panzernahbekämpfung an Bedeutung. An ihre Stelle traten die Panzerfaust und der »Panzerschreck«.

Fahrrad mit Panzerfäusten

Hersteller (Codierung)	**unbekannt**
Baujahr - Rahmen-Nr.	1944 - 344547
Länge x Breite x Höhe	1950 x 510 x 1100 mm
Leergewicht	25 kg
Zuladung	13,6 kg 2 Panzerfäuste
Bereifung	28x1,75 Drahtreifen (Continental)
Ausstattung	Expreß-Lenker mit Gummi-Griffen Tretstücke ohne Tretstrahler Sattel Dynamo (Standard), Scheinwerfer (Nirona) mit Karbidlampenhalterung, Abblendkappe aus Bakelit Werkzeugtasche (Lepper), Luftpumpe Gepäckträger (Pallas)
Sonderausstattung	Brettauflage mit Sicherungssteg und Schnappschloss für zwei Panzerfäuste auf dem Gepäckträger, Halterung am Rahmen

Der Hersteller dieses Fahrrades ist nicht bekannt. Das Fahrrad zeigt als typisches Merkmal der Produktion des letzten Kriegsjahres das gepresste vordere Kettenrad.

Zur Sonderausstattung gehören die beidseitig am unteren Ende der Vordergabel befestigten Auflagen und am Lenker montierte Halterungen für das Mitführen von zwei Panzerfäusten 60 m oder 100 m. Die Befestigungen für Panzerfäuste wurden je nach vorhandenen Materialien unterschiedlich gehandhabt. Das belegen auch überlieferte Originalfotos. Über ordonnanzmäßige Befestigungsvorrichtungen liegen der Autorin keine amtlichen Unterlagen vor.

Panzerfaust 60 m, 100 m und 150 m

	Panzerfaust 60 m	Panzerfaust 100 m	Panzerfaust 150 m
Herstellung / Baujahre	1943 - 1944	1944 - 1945	1945
Länge	1045 mm	1045 mm	1106 mm
Durchmesser Gefechtskopf	150 mm	150 mm	106 mm
Gewicht (mit Gefechtskopf)	8,5 kg	8,58 kg	8,04 kg
Anfangsgeschwindigkeit	48 m/s	60 m/s	85 m/s
Schussweite günstig - maximal	60 - 140 m	100 - 280 m	150 - 300 m
Durchschlagleistung gegen Panzerstahl	120 - 180 mm	180 - 200 mm	280 - 320 mm
System / Funktionsweise: überkalibrige, rückstoßfreie Abwehrwaffe, bestehend aus Abschussrohr und Hohlladungs-Gefechtskopf mit ausklappbaren Flügeln			

Panzerfäuste sind tragbare Waffen zum Kampf gegen Panzer und gepanzerte Fahrzeuge auf Nahdistanz. Sie wurden ab 1942 entwickelt und waren nur einmal verwendbar. Die verbrauchten Rohre sollten gesammelt und von der Industrie wieder geladen werden.
Gegen Ende des Zweiten Weltkrieges gewannen Panzerfäuste für die Panzerabwehr eine größere Bedeutung. Angesichts des Mangels an Kraftfahrzeugen und Betriebsstoffen boten mit Fahrrädern ausgerüstete und mit Panzerfäusten bewaffnete Verbände und Einheiten gute Voraussetzungen, um an Schwerpunkten gegen durchgebrochene gegnerische Panzer zu kämpfen. Losgelöst von den anderen Panzerabwehrwaffen blieb die fahrradbewegliche Panzernahbekämpfung aber eine kriegsbedingte Behelfslösung.
Am 24.1.1945 verfügte der Generalinspekteur der Panzertruppen und General der Panzerabwehr aller Waffen Heinz Guderian die Aufstellung von je 300 fahrradbeweglichen Panzerjagdkommandos bei den Heeresgruppen Mitte und Weichsel. Jedes Kommando (bestehend aus einem Offizier, einem Unteroffizier und acht Freiwilligen) hatte einen Sollbestand von zehn Fahrrädern, einem Handkarren, 26 Panzerfäusten (sechs davon als Ergänzungsbestand auf dem Handkarren) sowie neun Sturmgewehren oder Maschinenpistolen. Je 100 Panzerjagdkommandos bildeten mit 1017 Fahrrädern und 2600 Panzerfäusten einen Panzerjagdverband.
Noch am 20. April 1945 (!) erschien die Kriegsstärkenachweisung Nr. 1148 für eine Heeres-Panzer-Jagdkompanie (fahrradbeweglich) mit einer Gesamtstärke von 91 Mann, aufgeteilt in Gruppe Führer und 5 Panzer-Jagd-Kommandos mit jeweils 16 Mann (1 Jagd-Kommando-Führer, 2 Truppführer, 10 Panzerjagdschützen, 2 Pioniere und 1 Hilfskrankenträger) auf Fahrrädern.

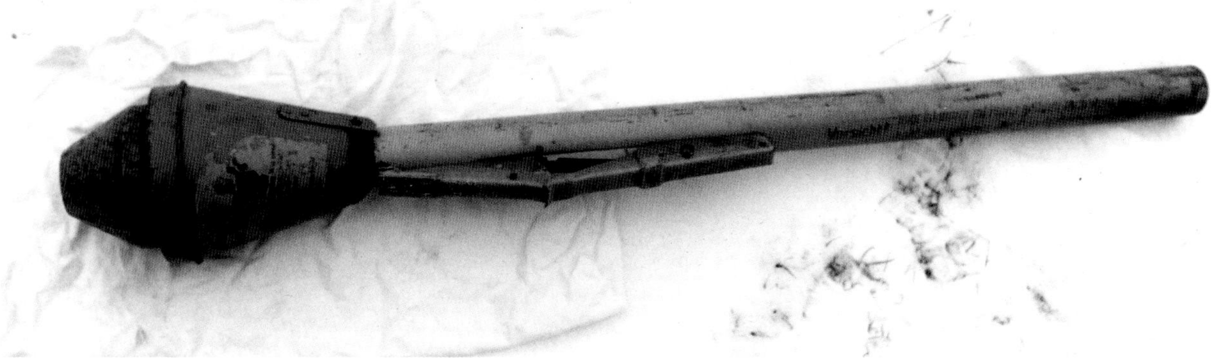

Fahrrad mit 8,8-cm-Raketenpanzerbüchse 54

Hersteller (Codierung)	**Expreß-Werke AG, Fahrradfabrik Neumarkt / Oberpfalz (erl)**
Baujahr - Rahmen-Nr.	1942 - 642905
Länge x Breite x Höhe	1950 x 510 x 1100 mm
Leergewicht	26 kg
Zuladung	10,7 kg Raketenpanzerbüchse
Bereifung	28x1,75 Ersatzreifen (Gummi, gelocht)
Ausstattung	Expreß-Lenker mit Holz-Griffen Tretstücke mit Tretstrahler Sattel Dynamo (Impex), Scheinwerfer (Riemann), Verdunklungskappe aus Pappe Luftpumpe Gepäckträger (Pallas)
Sonderausstattung	Halterung für eine 8,8-cm-Raketenpanzerbüchse 54

1884 wurde die Velocipedfabrik »Goldschmidt & Pirzer« gegründet, die ab 1901 unter dem Namen »Expreß-Fahrradwerke AG« firmierte. »Expreß« baute zunächst Zwei- und Dreiräder aus englischen Teilen, ab 1912 neben Niederrädern auch Klappfahrräder. 1914 erhielt die Firma ein Patent für ein verändertes Klapprad zum Transport von Maschinengewehrteilen (siehe Fahrrad mit MG 08/15). Der abnehmbare Expreß-Lenker – ohne Werkzeug mit einem Griff zu entfernen, was einen Diebstahl erschwerte und die Unterbringung des Fahrrades auf engem Raum erleichterte – war keine war Erfindung für das Militär. Er wurde aber fester Bestandteil der Anforderungen an ein Truppenfahrrad.

Das in den Expreß-Werken hergestellte Fahrrad (Sammlerstück) ist mit einem geschmiedeten, extra starken Kettenrad ausgestattet und verfügt über eine gelochte Vollgummi-Ersatzbereifung. Die Perforierung der Reifen erfüllte zwei Aufgaben: zum einen wurde das Gewicht reduziert, zum anderen eine gewisse Federung gewährleistet. Es erscheint fraglich, ob das Fahrrad mit dieser Bereifung bei der Wehrmacht im Einsatz war. In jedem Fall handelt es sich nicht um ein Truppenfahrrad im engeren Sinne.

8,8-cm-Raketenpanzerbüchse 54 (»Ofenrohr«, später »Panzerschreck«)

Herstellung / Baujahre	1943 - 1945
Länge	1640 mm
Gewicht (mit Schild)	11,9 kg
Kaliber AbSchussrohr	88 mm
Anfangsgeschwindigkeit	105 m/s
Feuergeschwindigkeit	4 - 5 Schuss/min
wirksame Schussweite	70 - 150 m
Durchschlagleistung auf 100 Entfernung bei 600	160 mm
Rückstoßfreie Handwaffe zum Verschluss von flügelstabilisierten Raketenpanzerbüchsengranaten, die von hinten in das Rohr eingeführt und mit Hilfe eines Stoßgenerators elektrisch abgefeuert werden	

Die 8,8-cm-Raketenpanzerbüchse 54 ist eine leichte Panzerabwehrwaffe der Infanterie zur Bekämpfung auch schwerster Panzer auf Entfernungen unter 200 m. Zur Bedienung gehörten zwei Mann - der Richt- und der Ladeschütze. Der Preis lag bei 70 Reichsmark.

8,8-cm-Raketenpanzerbüchsen 54 gelangten ab Mitte 1943 zur Truppe. Offiziell wurden sie erst mit HVBl Nr. 539 vom 1. September 1944 eingeführt. Nach Sollausstattung verfügte jede Kompanie in den Panzerzerstörerbataillonen über 72 Raketenpanzerbüchsen. Ab Januar 1944 waren auch Panzerjagdkompanien der Grenadierregimenter mit je 36 Waffen dieses Typs ausgestattet, weiterhin Panzerjägerkompanien einiger Panzergrenadierregimenter.
In Teileinheiten der Infanterie-Panzerjagdkompanien fahrradbeweglicher Grenadier- oder Jägerverbände fanden Panzerzerstörungsgruppen Verwendung, die aus zwei Panzerzerstörertrupps mit je sechs Mann und je drei »Panzerschrecks« bestanden. Panzergrenadierkompanien (fahrradbeweglich) (freie Gliederung) (KStN Nr. 1114 b vom 1.11.1944) verfügten über drei 8,8-cm-Raketenpanzerbüchsen 54. Auch in den 4. (Panzerzerstörer-)Zügen von Maschinengewehrkompanien in Radfahr-Jägerbataillonen und in Radfahr-Maschinengewehrbataillonen (KStN Nr. 165 c vom 1.11.1944) gab es 18 dieser Waffen. Sie sollten als bewegliche Reserve vor allem durchgebrochene Panzer in oder hinter der eigenen Front bekämpfen.
Die Munition wurde in Packkisten aus Holz mit je zwei Raketenpanzerbüchsengranaten (Gewicht ca. 11 kg) auf dem Gepäckträger mit Riemen befestigt.

Klappfahrrad für Fallschirmjäger

Hersteller (Codierung)	**Brennabor Werke AG Brandenburg / Havel (czs)**
Baujahr - Rahmen-Nr.	1944 - 31904881
Länge x Breite x Höhe	1950 x 510 x 1100 mm
Leergewicht	22 kg
Zuladung	ohne
Bereifung	28x1,75 Drahtreifen (Firma DEKA)
Ausstattung	Expreß-Lenker mit Bakelit-Griffen Tretstücke mit Tretstrahlern Sattel Dynamo, Scheinwerfer, Abblendkappe aus Stoff Werkzeugtasche, Luftpumpe Gepäckträger 
Sonderausstattung	ohne

1835 zur Herstellung von Korbwaren gegründet und später auf die Produktion von Kinderwagen erweitert, begann man 1882 in der Brandenburger Firma mit der Fertigung von Fahrrädern. Der Markenname »Brennabor« tauchte erstmals 1892 auf der Leipziger Fahrradmesse auf und wurde 1896 zum Bestandteil des Firmennamens, der fortan Brennabor-Werke Gebrüder Reichstein lautete. Im Jahr 1900 lag die Jahresproduktion bereits bei etwa 40.000 Stück.

Das 1944 hergestellte Fahrrad hat ein gepresstes vorderes Kettenrad der späten Fertigung. Anstelle des Steuerkopfschildes wurde nur noch ein Schild mit dem Fertigungskennzeichen angebracht.

Das Fahrrad war zum Kriegsende von deutschen Fallschirmjägern in der Provinz Nord-Brabant zurückgelassen worden.

Die Klappräder fanden Verwendung bei Sprungeinsätzen von Fallschirmjäger-Einheiten und -Verbänden. Sie stellten zusammen mit den Fahrrad-Anhängern unmittelbar nach dem Absprung ihr wichtigstes Transportmittel für Waffen, Munition und Nachrichtengerät dar. Außerdem dienten sie als Melde- und Verbindungsfahrzeuge unter anderem in Fallschirm-Kompanien, Fallschirm-Pionierkompanien und Fallschirm-Panzerjägerkompanien.

In Fallschirmbatterien gab es 1944 sieben bis acht Fahrräder, doppelt so viele wie in einer normalen Grenadierkompanie. Stäbe von Fallschirm-Panzerjägerbataillon oder Fallschirm-Granatwerferbataillonen verfügten 1944 über jeweils zwei, der Nachrichtenzug eines Fallschirm-Pionierbataillons über vier, eine Fallschirmjägerkompanie über acht, eine Fallschirm-Pionierkompanie über sechs Klappfahrräder. Die Kriegsstärkenachweisung 8136 (L) vom 1. Mai 1944 verzeichnet für den Radfahrerzug (sp) eines Fallschirmjäger-Regimentes einen Sollbestand von 40 Klapprädern. Klappfahrräder wurden einzeln im zusammengefalteten Zustand in Abwurfkörben mit einem 50 kg-Lastenschirm abgeworfen. Daneben hatte die Luftwaffe auch Abwurfrahmen für zwölf Klappräder (Gesamtgewicht 537 kg) entwickeln lassen.

Abwurfkorb für Klappfahrrad

Hersteller	Paul Weiss Laufwerke Nürnberg (dxg)
Anforderungszeichen	FL 26689
Leergewicht	18 kg
Zuladung	22 kg
Gesamtgewicht	ca. 42 kg
Länge	1200 mm
Breite	350 mm
Höhe	900 mm
Zubehör	Gurt oder Riemen zum Einhängen des Fahrrades, Leder-Tragegurt, Verschluss

Die Paul Weiss Laufwerke wurden 1919 in Nürnberg gegründet. Bekannt geworden sind sie durch die Herstellung von Federlaufwerken für mechanisches Blechspielzeug.

Der Abwurfkorb für Klappfahrrad besteht aus einem Rahmen aus Stahlrohr und einer Verkleidung aus Presspappe. Es gab eine zweite Variante mit einem Rattangeflecht. Die Vorderseite beider Ausführungen wurde mit einer Klappe geöffnet. Das zusammengeklappte Fahrrad wurde mit Gurt oder Lederriemen an der oberen Strebe des Korbes eingehängt, um Schäden beim Aufschlag vorzubeugen. Danach wurde der Korb an der oberen Öse des 50 kg Lastenschirms eingehakt.
Der Rahmen des hier gezeigten Abwurfkorbes ist original, die Pappverkleidung wurde neu angefertigt.
Abwurfkörbe für Klappfahrräder sind in Vorbereitung für den Sprungeinsatz von Fallschirmjägereinheiten ausgegeben worden. So waren beispielsweise für den Radfahrzug eines Fallschirmjägerregimentes mit 40 Klappfahrrädern 40 Abwurfkörbe bereitzuhalten.
Ende Juni 1944 lagerten im Luftwaffendepot Gardelegen noch 1241 Abwurfkörbe und 99 große Zusatzrahmen für den Abwurf von je zwölf Klappfahrrädern.

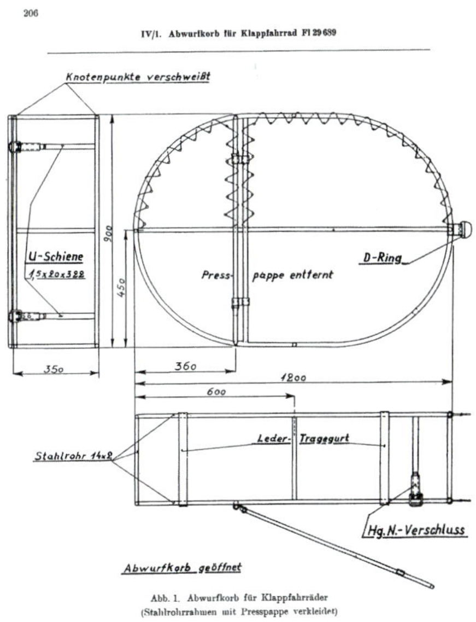
206

IV/1. Abwurfkorb für Klappfahrrad Fl 29 689

Abb. 1. Abwurfkorb für Klappfahrräder
(Stahlrohrrahmen mit Presspappe verkleidet)

4.2 Fahrradanhänger

Fahrradanhänger, abwerfbar

Hersteller (Codierung)	Brennabor Werke AG Brandenburg / Havel (czs)
Leergewicht	25 kg
Zuladung	100 kg
Länge x Breite x Höhe	1600 x 880 x 820 mm 1000 x 880 x 300 mm verpackt
Ladefläche	800 x 575 mm
Bereifung	28 x 1,75 Drahtreifen (Firma Semperit)
Zubehör	Zubehörkasten mit Luftpumpe und Flickzeug, Gurt, ansteckbare Deichsel aus Stahlrohr, Kupplungsstück mit Spannschelle, zusätzliche Kupplung zum Anhängen eines zweiten Anhängers

Dieser Fahrradanhänger wurde in den Brennabor Werken hergestellt. Als weiterer Produzent traten die Mitteldeutschen Fahrradwerke GmbH (»MIFA«) in Erscheinung.

Dieser fallschirmabwurffähige Handkarren konnte zerlegt im Flugzeug mitgeführt werden und war eine Sonderentwicklung für die Fallschirmjägertruppe der Luftwaffe. Den Zusammenbau bewerkstelligte ein Mann mit wenigen Handgriffen innerhalb von zwei Minuten. Zwei Anhänger ließen sich im Tandemzug an einem Fahrrad angehängt transportieren.
Der hier gezeigte Anhänger ist das Serienmodell; gegenüber dem Vorserienmuster zeigt es eine geänderte Radaufhängung. Neben der üblichen, hier vorgestellten Ausführung mit Ladepritsche gab es noch eine Variante mit Aufsatz.
Der Anhänger wurde für den Fallschirmeinsatz der Truppe bereitgehalten. Nach der Landung dienten sie den Nachrichtenzügen zum Transport von Funk- und Fernsprechgerät, in den Fallschirmkompanien für den Nachschub an Munition und Verpflegung. 1944 verfügte beispielsweise eine Fallschirm-Batterie mit 10,5-cm Leichtgeschütz 2 über sieben Klappfahrräder und acht Handkarren. Ende Juni 1944 lagerten im Luftwaffendepot Gardelegen noch 1400 Fahrradanhänger.

Krankentragenfahrgerät, zweirädrig, zum Transport einer hälftengleichen Feldtrage mit zwei Gurten

	Gerät	hälftengleiche Feldtrage
Hersteller (Codierung)	»MIFA« Mitteldeutsche Fahrradwerke GmbH; Werk Sangerhausen (bpm)	unbekannt
Baujahr	1940	unbekannt
Länge	2070 mm mit Handdeichsel	2420 mm mit ausgezogenen Griffen
Breite	920 mm gesamt, 584 mm Rahmen	570 mm
Höhe	590 mm	Abstand vom Erdboden 420 mm
Gewicht	20,3 kg	16 kg
Bereifung	16x2,25 Drahtreifen (Continental)	-

Das Krankentragenfahrgerät, zweirädrig, besteht aus Rahmen mit Haltevorrichtungen aus winkligem Flacheisen, luftbereiften Drahtspeichenrädern, abnehmbarer Deichsel mit Handgriff, Luftpumpe, Werkzeugtasche und Anschnallriemen. Zum Transport konnte das Gerät zusammengeklappt werden. Dazu wurden Räder und Deichsel abmontiert und am Rahmen befestigt.

Das Krankentragenfahrgerät wurde mit Verfügung vom 18. Juni 1939 eingeführt (AHM vom Blatt 13 vom 21.6.1939, Nr. 486). Es diente dem Transport Verwundeter und Kranker auf einer Krankentrage auf langen Strecken und zur Einsparung von Krankenträgern bzw. Hilfskrankenträgern.

Die hälftengleiche Feldtrage mit zwei Griffen besteht aus Metallrahmen mit Füßen, Krankentragebezug und Krankentragegurten. Durch Lösen des Sicherungsbügels ließ sie sich in zwei gleiche Hälften zerlegen, um bei Platzmangel (z.B. in Gräben) sitzende Kranke zu transportieren. Jede Tragenhälfte konnte mit einem Gurt über der Schulter getragen werden.

Zur Ausstattung von Stäben, Truppen- und Sanitätseinheiten gehörten Tragen als wichtigste Transportgeräte für Verwundete und Kranke – zunächst die Krankentrage 34 und andere Modelle, ab 1939 die hälftengleiche Feldtrage mit zwei Griffen. Sie kamen in Krankenwagen bespannter und in Krankenkraftwagen motorisierter Einheiten zum Einsatz sowie in behelfsmäßigen Krankenwagen und allen Sanitätsfahrzeugen des Deutschen Roten Kreuzes.

Dem gleichen Zweck diente das nur 11,5 kg schwere Krankentragenfahrgerät, einrädrig, das am 26. März 1941 (AHM, 8. Ausgabe vom 7.4.1941, Nr. 347) bei den Gebirgstruppen zur Einführung kam. Es diente ebenfalls der Aufnahme einer Trage und konnte behelfsmäßig als Untersuchungs- oder Operationstisch verwendet werden.

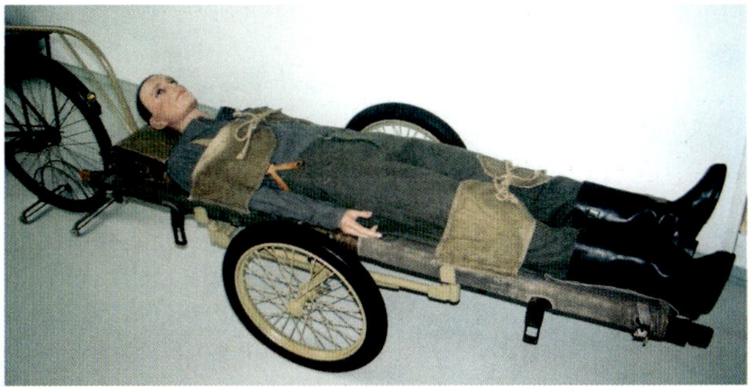

Krankentragenfahrgerät, zweirädrig, zum Transport von Kästen der Sanitätsausrüstung

	Gerät	Sanitätskasten
Hersteller (Codierung)	unbekannt	unbekannt
Baujahr	unbekannt	unbekannt
Länge	2020 mm	760 mm
Breite	960 mm gesamt, 580 mm Rahmen	350 mm
Höhe	590 mm	415 mm
Gewicht	20,3 kg	50 kg
Bereifung	16x2,25 Drahtreifen	-

Das Krankentragenfahrgerät konnte auch zum Transport eines Sanitätskastens oder anderer Teile der Sanitätsausrüstung genutzt werden.

Der Sanitätskasten gehörte zur Ausstattung von Stäben, Truppen- und Sanitätseinheiten und diente der Versorgung mit Sanitätsmaterial. Er enthielt eine größere Anzahl von Arzneimitteln, Medikamenten, Verbandmaterial und Geräten (z.B. kleiner Kocher für ärztliche Geräte, Fieberthermometer, Kleiderschere u.a.).

Eine weitere Einsatzmöglichkeit war der Transport von Kästen der Truppensanitätsausrüstung Satz a, die bei den Truppenärzten von Bataillonen und Abteilungen das Sanitätsmaterial für die erste allgemeine Versorgung der Truppe enthielt. Der Satz bestand aus fünf Kästen und weiteren Zusatzgeräten, zu denen auch ein Krankentragenfahrgerät, zweirädrig, gehörte. Er wog 550 kg und wurde auf dem Sanitätsgerätewagen oder auf den Gefechtsfahrzeugen mitgeführt, so z.B. Beim Stab und Versorgungszug eines Grenadierbataillons (KStN Nr. 111 V vom 1.9.1944).

Nachrichtengerätwagen

Hersteller (Codierung)	unbekannt
Baujahr	unbekannt
Länge	725 mm (1700 mm mit Handdeichsel)
Breite	850 mm
Höhe	650 mm
Gewicht (leer)	16,7 kg
Bereifung	16x2,25 Drahtreifen

Der Nachrichtengerätwagen besteht aus Rahmen mit Haltevorrichtungen für Kabeltrommeln, luftbereiften Drahtspeichenrädern, Rückentrage sowie abnehmbarer Deichsel mit Handgriff. An den Längsseiten konnten bis zu zehn Stangenteile, eine zweiteilige Drahtgabel und ein Erdleitungsrohr befestigt werden.
Bei Nichtnutzung oder auf dem Transport erfolgte die Unterbringung auf dem Infanterie-Nachrichtenwagen (Nf. 7). Dazu wurden Räder und Deichsel abmontiert, die Räder oben hinten auf dem Wagen, Rahmen und Deichsel zwischen den Protzarmen untergebracht.

Der Nachrichtengerätwagen gehört zur Ausstattung der Feldkabelbautrupps in den Infanterie-Nachrichteneinheiten. Er dient der Aufnahme von maximal drei Trommeln für leichtes oder schweres Feldkabel zum Verlegen von Fernsprechleitungen.
Die Trommeln für leichtes Feldkabel besaßen zur Gewichtsersparnis gelochte stählerne Randscheiben, konnten zusammengelegt werden und nahmen 500 m Kabel (Gewicht 1,5 kg) auf. Die Trommeln für schweres Feldkabel waren bedeutend größer und nicht zusammenlegbar. Mit ihnen wurden 1000 m Kabel (Gewicht 15 kg) transportiert.

Einen ähnlichen Aufbau besaßen der Fernmelde-Feldkabelkarren (Verlegewagen), der Festungskabellötkarren sowie der Fernsprechanschaltkarren, der in erster Linie für Rollfelder von Flugplätzen und für Schießanlagen auf Truppenübungsplätzen genutzt wurde. Die Wagen kosteten je nach Ausstattung zwischen 40 und 115 Reichsmark.

4.3 Zubehör, Werkzeug

Beleuchtung

Beleuchtung eines Truppenfahrrades (Beispiel)				
	1. Fahrradlampe	2. Rückstrahler	3. Dynamo	4. Lichtkabel
Hersteller (Codierung)	Westfälische Metall-Industrie AG, Lippstadt (316 bzw. dom)	unbekannt	Laternenfabrik Barthel, Lang & Co., Chemnitz (lys)	Lampenfabrik Haeckel & Schneider, Paunsdorf (?)
Baujahr	um 1938	um 1938	um 1938	um 1938
Länge	100 mm (ohne Lampenhalter) 180 mm (mit Lampenhalter)	26 mm	80 mm (ohne Halterung) 140 mm (mit Halterung)	900 mm
Durchmesser	104 mm 88 mm (Lichtaustritt)	42 mm 37 mm (Glasreflektor)	42 mm	4 mm (Querschnitt 0,5 mm^2)
Höhe	115 mm (mit Halterung)	42 mm	142 mm	
Gewicht	400 g	30 g	530 g	10 g
Beschriftung	Hella	ohne	Balaco	ohne
Material	Blech, Glas, Messing, Stahl	Blech, Glas, Stahl	Blech, Magneten, Kupferdraht, Stahl	flexible Kupferkabel mit Baumwollumspinnung und Quetschkabelschuh
Farbe	schwarz	schwarz / silber	schwarz / silber	schwarz

Es gab unzählige Lampen, die auch zur Beleuchtung des Fahrrades genutzt werden konnten. Zunächst benutzte man Öl-, später Karbidlampen, bei denen ein Behälter mit Calciumcarbid gefüllt wurde, das sich erst kurz vor dem Verbrennen in Gas verwandelte. Es folgten batteriebetriebene Lampen und in den 1920er Jahren die Dynamobeleuchtung. Vielfalt und Funktionsweise der verschiedenen Modelle sind so groß, dass hier nur eine kleine Auswahl vorgestellt werden kann.

Zur vorderen Beleuchtung wurde zunächst in den Vorschriften bei den Zubehörteilen des Fahrrades nur eine Lampe ohne nähere Erklärungen aufgeführt, mit der aber nur die A-Räder ausgestattet sein sollen. Die Befestigung am Fahrrad erfolgte über einen Lampenhalter am Lenkerschaft. Im Preisverzeichnis für die von den Wanderer-Fahrradwerken zu beziehenden Ersatzteile (Anhang zur Fahrradvorschrift 1906) sprach man erstmals etwas konkreter von den Öllaternen Nr. 196 (5,25 Mark) und Nr. 210 (6,40 Mark). Im Preisverzeichnis für das Fahrradgerät (H.Dv. 398 H vom 7. Juni 1924) ist eine komplette Öllampe für 4,65 Goldmark gelistet.

Nach den Vorschriften von 1935 und 1942 gehörte nun eine Laterne mit Lichtmaschine (Dynamo) zur

Ausstattung. Sie besteht aus einem Dynamo 4 Volt oder 6 Volt, einem Batteriescheinwerfer (für 3teilige Taschenlampenbatterien nach DIN VDE 1201), der – mit einem kräftigen Hebel versehen – von Standlicht auf Dynamo umschaltbar sein musste.

Fahrradbeleuchtung vor 1900 (Auswahl)		
	1. Karbidlampe	2. Öllampe
Hersteller	Lampenfabrik Haeckel & Schneider, Paunsdorf	Metallwaren-Fabrik Peter Schlesinger, Offenbach (später 796 bzw. ftd)
Baujahr	um 1886	um 1885
Länge	160 mm (mit Schwebe) 115 mm (ohne Schwebe)	110 mm (mit Schwebe) 60 mm (ohne Schwebe)
Durchmesser	105 mm Gehäuse 76 mm Lichtaustritt	80 mm Gehäuse 62 mm Lichtaustritt
Höhe	145 mm	120 mm
Gewicht	380 g (leer)	250 g (leer)
Beschriftung	Häckel	Radsonne
Material	Blech, Messing (Brenner), Glas, Federstahl, Gummi (Dichtung)	Blech, Glas, Federstahl, Docht (Baumwolle)
Farbe	Chrom / Nickel	schwarz

In allen Unterlagen wurde kein spezielles Modell gefordert – die Auswahl lag im Ermessen des jeweiligen Fahrradlieferanten.
Hintere Beleuchtung war bis 1929 für Fahrradfahrer nicht vorgeschrieben. Mit der »Verordnung über die hinteren Leuchtzeichen der zweirädrigen Kraft- und Kleinkrafträder sowie der Fahrräder« vom 27. April 1929« wurde ein gelbroter Glaskörper als Rückstrahler vorgeschrieben, der bei Dunkelheit bis 150 m Entfernung sichtbar sein musste, wenn er angestrahlt wurde oder ein elektrisches Schlusslicht. Alle Ordonnanzräder im täglichen Verkehr (-die Regelung für alle übrigen Räder sollte später erfolgen-) erhielten ebenfalls einen solchen Rückstrahler. Einer Nachprüfung durch Polizeibeamte unterlagen diese bei Armeefahrrädern jedoch nicht. (HVBl Nr. 10 vom 13.05.1929, Nr. 192 und 208). Nach einer Änderung aus dem Jahr 1935 musste der Rückstrahler fortan rot sein. Dieser findet sich auch in den Zubehörteilen zum Truppenfahrrad in der Vorschrift von 1935.
1940 erfolgte eine Änderung der Straßenverkehrsordnung, ein elektrisches rotes Rücklicht wurde Pflicht. Es hatte sich gezeigt, dass unter den Bedingungen der Verdunklung ein einfacher Rückstrahler nicht mehr ausreichte. Diese Regelung galt auch für Truppenfahrräder im Heimatgebiet außer bei geschlossenen Radfahreinheiten (HVBl 1941 Teil C Blatt 12 vom 25.04.1941, Nr. 356). Auch bei der hinteren Beleuchtung war nie ein spezielles Modell gefordert. Der Rückstrahler am Hinterradschutzblech wurde beibehalten.

Alle Tretstücke (Pedale) mussten ab 1938 mit Rückstrahlern (sog. TOLO-Tretstrahlern*) ausgerüstet sein. Die Physikalisch-Technische Reichsanstalt (PTR) vergab Prüfnummern für Produkte einzelner Hersteller. Im August 1939 erfolgte die Bekanntgabe, dass bei allen Neufertigungen von Truppenfahrrädern anstelle des bisherigen Tretstückes 108 Fafa 20 ein handelsübliches Tretstück mit Tretstrahler (Blocktretstück) 110 mm lang für Transportfahrräder in marktgängiger Ausführung, zu beziehen von der Union Gesellschaft für Metallindustrie in Fröndenberg/Ruhr und von der Wippermann AG in Hagen-Oelstern (Westfalen), zu verwenden sei.

* Zur Geschichte der TOLO-GmbH, einem Unternehmen der SS, erschienen zwei aufschlussreiche Artikel von Michael Mertins – siehe Literaturverzeichnis

Die vorhandenen Tretstrahler an den Fahrrädern bei der Truppe und in den Zeughäusern sollten erst aufgebraucht werden. (HVBl 1939 Teil C Blatt 24 vom 25.08.1939, Nr. 781).

Die Reichstraßenverkehrsordnung ließ allerdings in Fragen der Beleuchtung einigen Spielraum. Im § 70 Absatz (2) heißt es: »Die Wehrmacht, die Polizei, die Feuerwehr, der Grenzaufsichtsdienst sowie die SS-Verfügungstruppen und SS-Wachverbände sind von den Vorschriften dieser Verordnung befreit, soweit es die Erfüllung ihrer hoheitlichen Aufgaben erfordert.«

Truppenfahrräder für Feldeinheiten wurden ab 1942 zur Einsparung von Sparmetallen ohne Beleuchtungseinrichtung geliefert. Für das Fahren in Kolonnen bei Dunkelheit musste die Truppe selbst für anderweitige der Vorschrift genügende Beleuchtung sorgen. (HVBl 1942 Teil C Blatt 3 vom 26.01.1942 Nr. 43).

Fahrradbeleuchtung um 1935 (Auswahl)						
	1. Hella	2. Nirona	3. Nirona	4. Balaco	5. unbekannt	6. unbekannt
Hersteller	Westfälische Metall-Industrie AG, Lippstadt (316 bzw. dom)	»Nirona«-Werke, Nier & Ehmer, Auto- u. Fahrrad-Zubehör; Beierfeld/ Erzgebirge (801 bzw. gnx)		Laternenfabrik Barthel, Lang & Co., Chemnitz (lys)	unbekannt	unbekannt
Baujahr	um 1938	um 1938	um 1938	um 1938	um 1938	um 1938
Länge mit Halterung	180 mm	210 mm	200 mm (mit. Tarnvorsatz)	125 mm (mit Tarnvorsatz)	100 mm	155 mm
Länge ohne Halterung	100 mm	100 mm	100 mm	76 mm	75 mm	70 mm (ohne Tarnvorsatz)
Durchmesser Gehäuse	104 mm	100 mm	100 mm	95 mm	100 mm	90 mm
Lichtaustritt	88 mm (rund)	65 x 35 mm			65 x 22	90 x 40 mm
Höhe	115 mm (mit Halterung)	100 mm (Durchmesser)	120 mm (mit Halterung u. Schalter) 100 mm (Durchmesser)	95 mm (Durchmesser)	100 mm (mit Halterung)	90 mm
Gewicht	400 g	275 g	300 g	240 g	200 g	150 g
Beschriftung	Hella	Nirona	Nirona	Ballaco	PTR - 125 S	keine
Material	Stahlblech, Glas, Messing, Stahl	Stahlblech, Glas, Stahl, Messing	Stahlblech, Glas, Stahl, Messing	Stahlblech, Glas, Stahl, Messing, Bakelit	Stahlblech, Glas, Messing, Stahl Bakelit	Stahlblech, Glas, Stahl
Farbe	schwarz	schwarz / weiß	schwarz / weiß	schwarz / braun	schwarz / weiß	schwarz

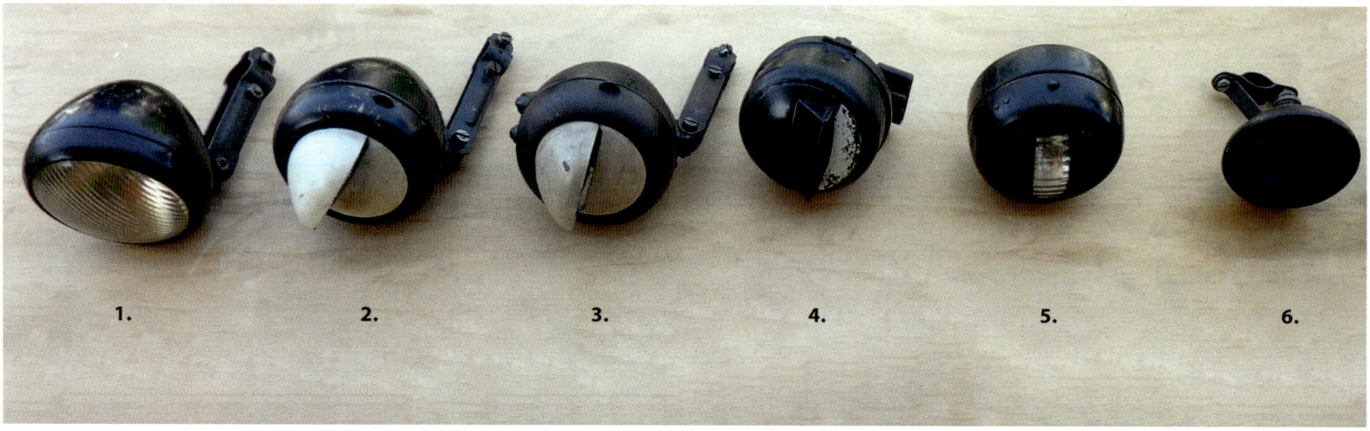

Werkzeugtasche

Hersteller (Codierung)	Wittkop & Co., Metall- und Lederwaren Fabrik; Bielefeld (ffk)
Baujahr	
Länge	19 / 23 cm
Breite	4 / 10 cm
Höhe	5 cm
Gewicht	
Material	Leder
Ausstattung	Werkzeuge, Ersatzteile, Schmiermittel, Putztücher

Von Anfang an gehörte zu jedem Fahrrad im Einsatz beim Militär eine Werkzeugtasche. Nach der ersten Fahrradvorschrift von 1895 befanden sich darin Schraubenzieher und Schlüssel für alle am Rad befindlichen Schrauben und Muttern, drei Kugeln und je eine Schraubenmutter jeder Größe, ein Konus jeder Größe, eine Kettenschraube, ein Schlüssel zum Nachstellen der Konusse, eine Ölkanne und ein Schloss mit Kette. Weitere Angaben zu Form und Material der Tasche werden nicht gemacht. In der Fahrradvorschrift von 1899 wird die Beschreibung etwas konkreter. Es handelt sich nun um eine dreieckige Werkzeugtasche mit Riemenverschluss, die am hinteren Rahmendreieck befestigt wird, bei älteren Fahrrad-Modellen auch am Lenker. In der Fahrradvorschrift von 1906 werden zu den bisher üblichen Inhalten zwei Kettenglieder mit einer Kettenschraube und Mutter, einem Ausbesserungskästchen, einem Verbandgummistreifen sowie etwas Bindedraht genannt.

1924 lag der Preis für eine komplett gefüllte Werkzeugtasche bei 10,23 Mark.

Ab 1935 (Vorschrift H.Dv. 293 Das Truppenfahrrad vom 13.12.1935) wird die Werkzeugtasche mit drei Schnallriemen am hinteren Ende des Ober- und am Sitzrohr befestigt. In den Fertigungsbedingungen, die die Truppenfahrräder liefernden Firmen erfüllen mussten, wurde eine Tasche aus Blankleder oder Kunstleder von dunkler Farbe mit folgender Werkzeugausstattung festgeschrieben: ein Ausbesserungskästchen, ein Fahrradschlüssel für alle Schrauben passend oder geteilt in zwei Schlüssel, ein Nabenschlüssel, ein Schlüssel für Freilauf, ein Schraubenzieher, eine Ölspritzkanne, ein Putztuch, zwei Kettenspanner mit Schrauben, Muttern und Kappen sowie zwei Kettenglieder.

In der 1942 neu herausgegebenen Vorschrift ändert sich an der Ausstattung der Werkzeugtasche bis auf einen hinzugekommenen Kurbelabzieher nichts. Neu ist allerdings der Befestigungsort der Tasche. Sie wird jetzt wegen des Mitführens verschiedener Waffen und Munitionskästen am Fahrrad zwischen Sitzrohr, Hintergabel und Schutzblech befestigt.

Werkzeugkästen

<table>
<tr><th>Hersteller (Codierung)</th><th colspan="3">unbekannt</th></tr>
<tr><td>Baujahr</td><td colspan="3">unbekannt</td></tr>
<tr><td>Länge</td><td colspan="3">750 mm</td></tr>
<tr><td>Breite</td><td colspan="3">290 mm</td></tr>
<tr><td>Höhe</td><td colspan="3">156 mm</td></tr>
<tr><td>Gewicht leer / gefüllt</td><td>16 kg / 30 kg</td><td>16 kg / 37 kg</td><td>16 kg / 28 kg</td></tr>
<tr><td>Beschriftung</td><td>Waffenmeister (Fahrräder) I</td><td>Waffenmeister (Fahrräder) II</td><td>Waffenmeistergehilfe (Fahrräder)</td></tr>
<tr><td>Material</td><td colspan="3">Holz</td></tr>
<tr><td>Ausstattung</td><td colspan="3">Werkzeuge, Ersatzteile, Schmiermittel, Putztücher</td></tr>
</table>

Bereits in der Fahrradvorschrift von 1899 wurde ein Armeefahrradkasten aufgeführt. Nach der Vorschrift von 1906 waren alle Infanterie-, Jäger-, Schützen-, Pionier-, Telegraphen- und Train-Bataillone, Kavallerieregimenter und Feldartillerie-Abteilungen mit jeweils einem Fahrradkasten ausgerüstet. Er enthielt 71 Teile, die der Waffenmeister für größere Instandsetzungen benötigte, die der Soldat nicht selbst bewerkstelligen konnte.

Im Preisverzeichnis für das Fahrradgerät (H.Dv. 398 H vom 7. Juni 1924) ist der 36teilige Inhalt des Fahrradkastens für den Stab eines Infanteriebataillons im Wert von 48,78 Mark aufgelistet.

Bei der Reichswehr kamen drei in ihren Abmessungen gleich große Kästen für die Instandsetzung zur Einführung. Stäbe der Verbände (Regimenter und Bataillone) verfügten über einen Waffenmeisterkasten I und einen Waffenmeisterkasten II, die auf dem Waffenmeisterwagen oder – wenn ein solcher nicht vorhanden war – auf einem Packwagen des Stabes untergebracht waren. Zur Ausstattung der Einheiten (Kompanien, Batterien, Eskadronen und Züge) gehörte ein Gehilfenkasten für Fahrräder. Dieser wurde auf einem Gefechtsfahrzeug oder Packwagen der Einheit mitgeführt. Infanterie-, Artillerie-, Kavallerie- und Pionierschule verfügten jeweils über alle drei Kästen.

Im Inhaltsverzeichnis, das im Deckel jedes Kastens befestigt war, sind für die beiden Waffenmeisterkästen insgesamt 192 Positionen aufgeführt, von denen sich 128 im Kasten I und 64 im Kasten II befinden. Der Gehilfenkasten enthält nur 163 Positionen, weshalb bei Reparaturen in der Einheit mitunter auf den Inhalt der Waffenmeisterkästen der Verbände zurückgegriffen werden musste. Für die Unterbringung der Werkzeuge und Ersatzteile waren alle Werkzeugkästen mit Einsätzen versehen. Kleinere Objekte wurden in beschrifteten Papiertüten aufbewahrt.

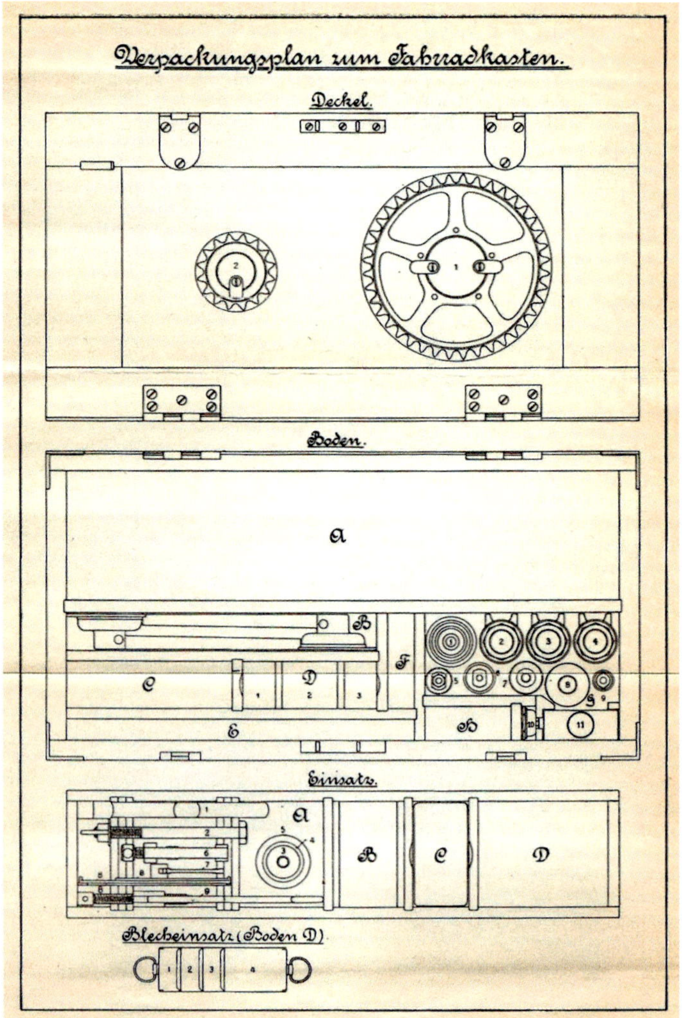

Waffenmeister
(Fahrräder)
II

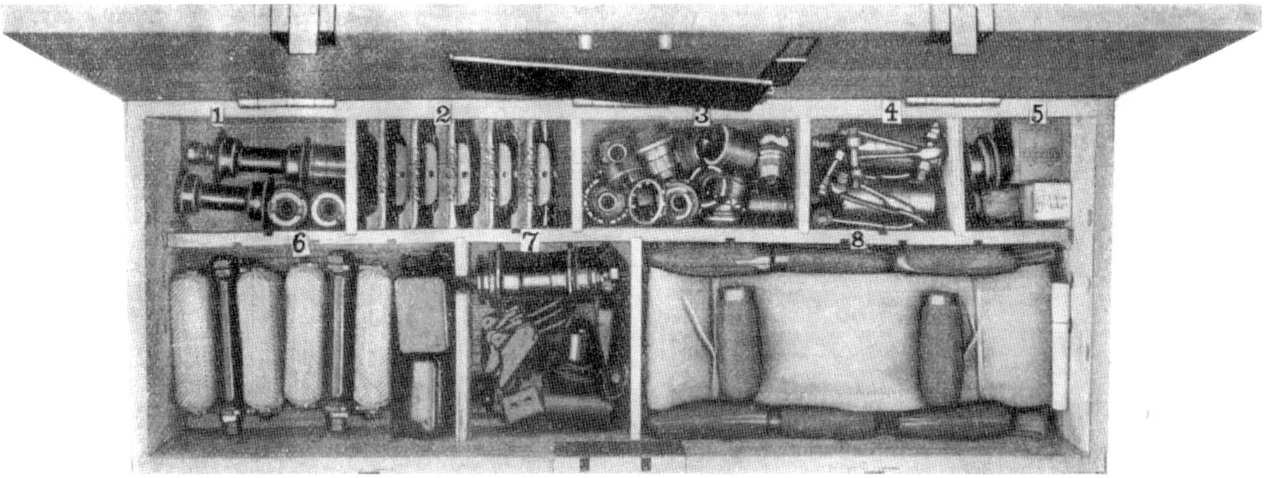
1
2
3
4
5
6
7
8

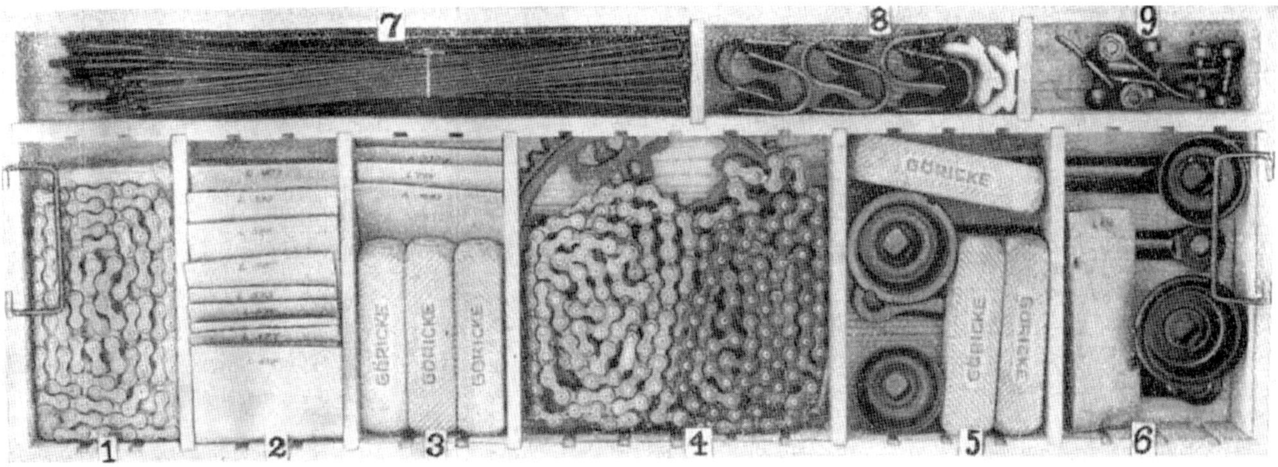
7
8
9
GÖRICKE
1
2
3
4
5
6

5. Der Radfahrer beim deutschen Militär im Spiegel der Soldatensprache

Soldatensprache ist eine zumeist von Mannschaftsdienstgraden entwickelte Sondersprache. Sie ist gekennzeichnet durch Begriffe für offizielle militärische Gegenstände und Handlungen, die alle Bereiche des Soldatenlebens umfassen.

Obwohl allgegenwärtig und teilweise massenhaft verwendet, wird das Fahrrad in der Militärsprache kaum abgebildet. Das ist erstaunlich. Offensichtlich standen Themen wie Verpflegung, Frauen, Vorgesetzte, Waffen, Sanitätsdienst u.a. stärker im Focus.

»Nach unten treten, nach oben buckeln«
Der Begriff wurde von Carl Zuckmayer (1896-1977) in seinem 1931 erstmals aufgeführten Theaterstück »Der Hauptmann von Köpenick« verwendet. Er lässt den Hauptmann über einen Bürokraten sagen: »Das ist ein Radfahrer. Nach unten tritt er, nach oben buckelt er.« Seither gilt das Radfahren als Synonym für katzbuckeln.

Drahtesel

Nach unten treten, nach oben buckeln

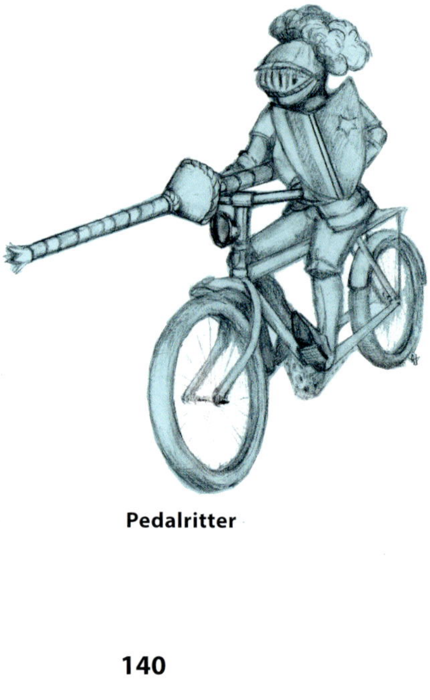

Pedalritter

Gummihusar

Stahlross

6. Anlagen

1. Bezeichnungen

1895 (Vorschrift für Instandsetzung und Benutzung der Armee-Fahrräder)	Armee-Fahrrad
1906 (D.V.E. No. 293. Fahrradvorschrift)	Armeefahrrad 99
1924 (H.Dv. 398 H. Preisverzeichnis für das Fahrradgerät)	Armee-Fahrrad 99 Klapprad Modell 13 Transportklapprad
1929 (Heeresverordnungsblatt Nr. 5 vom 2.3.1929)	
am 1.4.1929 scheidet aus Sollbestand aus:	Armeefahrrad 99
ab 1.4.1929 ersetzt durch handelsübliches	Fahrrad Ef. (Einheitsfahrrad)
1935 (H.Dv. 293. Das Truppenfahrrad)	Truppenfahrrad
1936-1939 (Heeresverordnungsblätter)	Einheitsfahrrad, A-Fahrrad, Dienstfahrrad
1942 (H.Dv. 293. Das Truppenfahrrad)	Truppenfahrrad

2. Anstrich

Beschreibung des Armeefahrrades 99.

Alle Konstruktionstheile, bei denen sich das ermöglichen läßt, sind schwarz – ohne Linie – zu emailliren, und von den blank bleibenden sichtbaren Theilen die größeren zu brüniren, die kleineren, wie Schrauben, zu bläuen.

Quelle: Fahrradvorschrift 1899. Anhang Bedingungen für die Lieferung von Armee-Fahrrädern. S. 3

Beschreibung des Armeefahrrades 99.

Um es äußerlich als Armeefahrrad zu kennzeichnen, ist das Fahrrad feldgrau* emailliert.
* nachträglich korrigiert, in der ersten Fassung stand nur «grau«

Quelle: Fahrradvorschrift. 1906. S. 9

Fahrräder.

Um Diebstählen vorzubeugen, wird für die Truppenfahrräder der Buntfarbenanstrich nach dem Muster wie für Fahrzeuge eingeführt.
Neue Fahrräder werden in der Folge in Buntfarbenemaillierung geliefert.

Die bereits in Händen der Truppe befindlichen Fahrräder sind nach Maßgabe der verfügbaren Mittel durch die Truppen mit einem Buntfarbenanstrich zu versehen. Es sind hierfür die für Unterhaltung der planmäßigen Fahrräder überwiesenen Mittel zu verwenden.
Muster für den Buntfarbenanstrich werden nicht ausgegeben.

Rw.M., Ch. d. H.L., v. 16.5.21. Nr. 126/5. 21 In. 2 I.

Quelle: Heeresverordnungsblatt Nr. 23 vom 18. Mai 1921, S. 189, Nr. 301

Arten des Anstrichs.

Buntfarbenanstrich erhalten ... Fahrzeuge aller Art des Sollbestandes ausschließlich der ...gewöhnlichen Fahrräder*. ...
* Solange die Fahrräder noch keinen Buntfarbenanstrich erhalten, ist nach dem Erlaß Nr. 406.9. 21. In. 2 I. vom 27.9.21 zu verfahren. Jedoch ist an Stelle von blauem Fahrradlack erdgelber oder brauner zu verwenden.
Zum Anstrich werden verwendet:
Feldgrauer, schwarzer, erdgelber, grüner und brauner Fahrradlack (soda- und säurefeste Fahrradlacke in handelsüblicher Zusammensetzung) zum Nachlackieren der emaillierten Teile der Fahrräder. Wenn der Buntfarbenanstrich für Fahrräder eingeführt ist, fällt „feldgrau" weg.
Roter Fahrradlack (soda- und säurefester Fahrradlack in handelsüblicher Zusammensetzung) zum Bezeichnen der B-Räder.

Quelle: H.Dv. 488 Vorschrift für das Verwalten des Geräts bei der Truppe, Anhang 4: Anstrich des Heergeräts. Berlin 1923, S. 155 ff.

Anstrich des Heergeräts.

Beim Heergerät wird an Stelle des dreimaligen Anstrichs der zweimalige eingeführt.

Rw.M., H.L., 21.2.25 VI Nr. 810/1 25. In 6 (F).

Quelle: Heeresverordnungsblatt Nr. 5 vom 28.02.1925, S. 15., Nr. 70

Verwendung handelsüblicher Ersatzteile für das A.F. 99

Die Beschaffung zeichnungsmäßiger, nicht handelsüblicher Fahrradersatzteile für A.F. 99 – brünierte Stücke – stößt auf Schwierigkeiten und ist auch aus wirtschaftlichen Gründen nicht geboten. Es müssen für den laufenden Nachschub daher an Ersatzteilen für A.F. 99 größtenteils vernickelte Teile in handelsüblicher Form Verwendung finden. Gegen den Einbau solcher Teile in das A.F. 99 ist nichts einzuwenden.

Rw.M., H-Waffen-Amt, 24.12.25. Nr. 2777/11.25. Wa 4 V

Quelle: Heeresverordnungsblatt Nr. 35 vom 31.12.1925, S. 123., Nr. 400

Buntfarbenanstrich der Fahrräder.

Beim Erneuern des Fahrradanstrichs sind das obere Verbindungsrohr (zwischen Steuerrohr und Sattelstütze)

braun,

untere Verbindungsrohr (zwischen Steuerrohr und Tretkurbellager)

grün,

alle übrigen Teile des Rahmens (zwischen Steuerrohr und Sattelstützrohr) sowie Vorder- und Hinterradgabel, Lenkstange, Schutzbleche und Streben, Felgen, Speichen, Sattelgerüst, Kurbelrad und Kurbelstangen

feldgrau

zu streichen.
Alle sonstigen Teile des Fahrrades sind zu

bräunen oder zu bläuen.

Zum Anstrich ist Fahrradlack (Emaillelack) mit entsprechendem Farbenton zu verwenden.
Die bisherigen Bestimmungen über den Buntfarbenanstrich der Fahrräder werden hiermit aufgehoben.

Rw.M., H.L., 7.4.27 Nr. 296/2. 27. In 2 III a.

Quelle: Heeresverordnungsblatt Nr. 8 vom 14. April 1927, S. 38 f., Nr. 167

Anstrich der Fahrräder.

1. Die mit Buntfarbenanstrich versehenen Fahrräder sind mit diesem Anstrich aufzubrauchen
2. Am Fahrrad Ef befinden sich künftig b r ü n i e r t e Teile:

[Aufzählung von 56 Teilen mit der dazugehörigen Zeichnungsnummer]

Alle übrigen Teile sind, soweit sichtbar, m a t t s c h w a r z l a c k i e r t . Beschädigungen der Lackierung und der abweichend von dieser Aufstellung an älteren Modellen außerdem vorhandenen Brünierung sind mit einem aus dem Handel zu beziehenden m a t t - s c h w a r z e n Z e l l u l o s e e s t e r l a c k instandzusetzen. ...

Der Chef der Heeresleitung, 7.4.30. Wehr A In 2 III.

Quelle: Heeresverordnungsblatt Nr. 9 vom 28. April 1930, S. 66 f, Nr. 185

Fertigungsbedingungen für marktgängige Truppenfahrräder.

Rahmen, Vordergabel, Schutzbleche und Felgen schwarz emailliert; alle übrigen Teile brüniert oder schwarz emailliert (mit Ausnahme des Firmenschildes).

Quelle: Anhang zur H.Dv. 293 »Das Truppenfahrrad« 1935, S. 41 und 1942, S. 31 (gleichlautend)

3. Kennzeichnung

Alle Fahrräder sind demnächst durch den Bataillons-Büchsenmacher mit dem Regiments- und Bataillonsstempel sowie mit der Jahreszahl des Empfangs, die Kriegs-Fahrräder außerdem mit dem Garniturstempel A zu versehen. Die Stempelung hat auf der Verstärkung der waagerechten Lenkstange zu erfolgen. Die Lernräder erhalten keinen Garniturstempel.

Die nicht mehr kriegsbrauchbaren Fahrräder der Garnitur A werden, sobald für sie ein Ersatz überwiesen ist, als Fahrräder der Garnitur B weitergeführt und gestempelt. …

Quelle: Vorschrift für die Instandsetzung und Benutzung der Armee-Fahrräder. Entwurf. 1895. S. 19 und 26

Alle Fahrräder sind demnächst durch den technischen Beamten mit dem Stempelzeichen des Truppenteils und mit einer neuen, sich an die vorhandenen anschließenden laufenden Nummern und mit dem Garniturstempel A zu versehen. Die Stempelzeichen werden auf dem Verbindungsstück der Lenkstange und auf den Hauben der Laternen angebracht.

Die Räder der Garnitur B sind, um sie äußerlich als solche zu kennzeichnen, am oberen und unteren Verbindungsrohr, bis an die betreffenden Verbindungsstücke heranreichend, mit einem 15 cm breiten Ring zu versehen. Diese Ringe sind auch bei den schon vorhandenen Gebrauchsfahrrädern (B) in Lackfarbe aufzutragen.

Quelle: Fahrradvorschrift. 1899. S. 6 f.

Alle neu beschafften Fahrräder sind bei der Abnahme behufs Durchführung der erforderlichen Kontrolle mit der Jahreszahl und lfd. Nr. zu stempeln; die Feldzeugmeisterei gibt der abnehmenden Gewehrfabrik die aufzuschlagenden Nummern an.

Die Räder der Garnitur B sind, um sie äußerlich als solche zu kennzeichnen, am oberen und unteren Verbindungsrohr, bis an die betreffenden Verbindungsstücke heranreichend, mit einem 15 cm breiten Ring zu versehen. Diese Ringe sind auch bei den schon vorhandenen Gebrauchsfahrrädern (B) in Lackfarbe aufzutragen.

Quelle: Fahrradvorschrift. 1906. S. 5 f.

„Der Eigentumsstempel oder die Eigentumsbezeichnung wird durch Anbringung der Abkürzungen der Truppen- usw. Bezeichnungen geführt. … Es sind auszuführen: die Nummern der Infanterie- und Artillerieführer und der im Regimentsverbande stehenden Bataillone und Abteilungen in römischen, die aller übrigen Verbände und Truppenteile in arabischen Ziffern.
Sind von einer Waffen- bezw. Gerätegattung im Truppenverbande mehrere Stücke vorhanden, so hat die Kennzeichnung durch in sich fortlaufende Nummern zu erfolgen. Diese sind in arabischen Ziffern auszuführen. …
Für die Stempelung kommen … Stempel und für die Bezeichnung die … angegebenen Schriftgrößen in Betracht. …
Die Bereifung der Fahrräder (Fahrradmantel und -schlauch) ist mittels Schablonen an zwei sich gegenüberliegenden Stellen zu kennzeichnen. Neue Fahrradmäntel werden in Zukunft mit der erhabenen Prägung

„REICHSWEHR“ geliefert. Bei solchen Fahrradmänteln ist dann nur noch die abgekürzte Truppenbezeichnung anzubringen. …

Stempelung und Beispiele für die Stempelung

a. Stahlstempel, scharf, zum Stempeln auf Metall

1. Buchstaben, große, für Anfangsbuchstaben	4 mm hoch
2. Buchstaben, kleine, zweistufige, als Zusatz zu den großen	4 mm hoch
3. Buchstaben, kleine, einstufige, als Zusatz zu den großen	2,5 mm hoch
4. Zahlen, römische, für Nummern des Infanterie- und Artillerieführers und der im Regimentsverbande stehenden Bataillone und Abteilungen	4 mm hoch
5. Zahlen, arabische, für Nummern der Gruppenkommandos, Divisionen, Regimenter, Kompanien, Eskadrons und Batterien	3 mm hoch
6. Zahlen, arabische, für Nummern der Waffe und des Geräts	2 mm hoch
7. Trennstrichstempel – Meißel –	6 mm breit
8. Punktstempel – Körner –	.

b. Prägestempel (Stahlstempel, stumpf) zum Stempeln auf Leder

1. Buchstaben, große	Verwendung wie unter a.	8 mm hoch
2. Buchstaben, kleine, zweistufige		8 mm hoch
3. Buchstaben, kleine, einstufige		5 mm hoch
4. Zahlen, römische Verwendung		8 mm hoch
5. Zahlen, arabische wie unter a.		8 mm hoch
6. Zahlen, arabische		5 mm hoch
7. Trennstrichstempel – Meißel –		10 mm breit
8. Punktstempel – Körner –		.

Beispiele:

1. Division, Stab, Fahrrad der Garnitur A, Nr. 3	1.Div. A. 3.
1. Division, Stab, Fahrrad der Garnitur B, Nr. 1	1.Div. B. 1.
III. Bataillon 14. (Württ.) Infanterie-Regiment, Stab, Fahrrad der Garnitur A, Nr. 1	III. J.R. 14. A. 1.
10. Kompanie 14. (Württ.) Infanterie-Regiment, Fahrrad der Garnitur B, Nr. 3	10. J.R. 14. B. 3.

Bemerkungen:

1. Den Garniturenstempel erhält nur das eigentliche Fahrrad. Zubehörstücke erhalten ihn nicht.
2. Wird ein Fahrrad der Garnitur A zur Garnitur B überführt, so erfolgt deren Umstempelung – „A“ in „B“ –; die laufende Nummer bleibt bestehen.

Bezeichnung

Für Fahrräder kommt nur die Bezeichnung der Räder der Garnitur B in Betracht. Diese sind, um sie außer der Stempelung als solche zu erkennen, am oberen und unteren Verbindungsrohr, bis an die betreffenden Verbindungsstücke heranreichend, mit je einem 15 cm breiten r o t e n Ring in Lackfarbe zu versehen.

Zu stempelndes Gerät

Fahrrad oder Zubehör	Stempelungsort
Fahrrad	a) Verbindungsstück der Lenkstange bzw. Lenkstangen-Klemmuffe b) Tretkurbelhülse, unter
Gepäckhalter	obere Seite
Fahrradständer	Fuß
Laterne	Haube
Sattel	Mitte, linke Seite des Ledersitzes
Werkzeugtasche	Klappe
Fahrradmantel	seitlich der Lauffläche an zwei sich gegenüberliegenden Stellen
Fahrradschlauch	20 cm vom Ventil, an zwei sich gegenüberliegenden Stellen

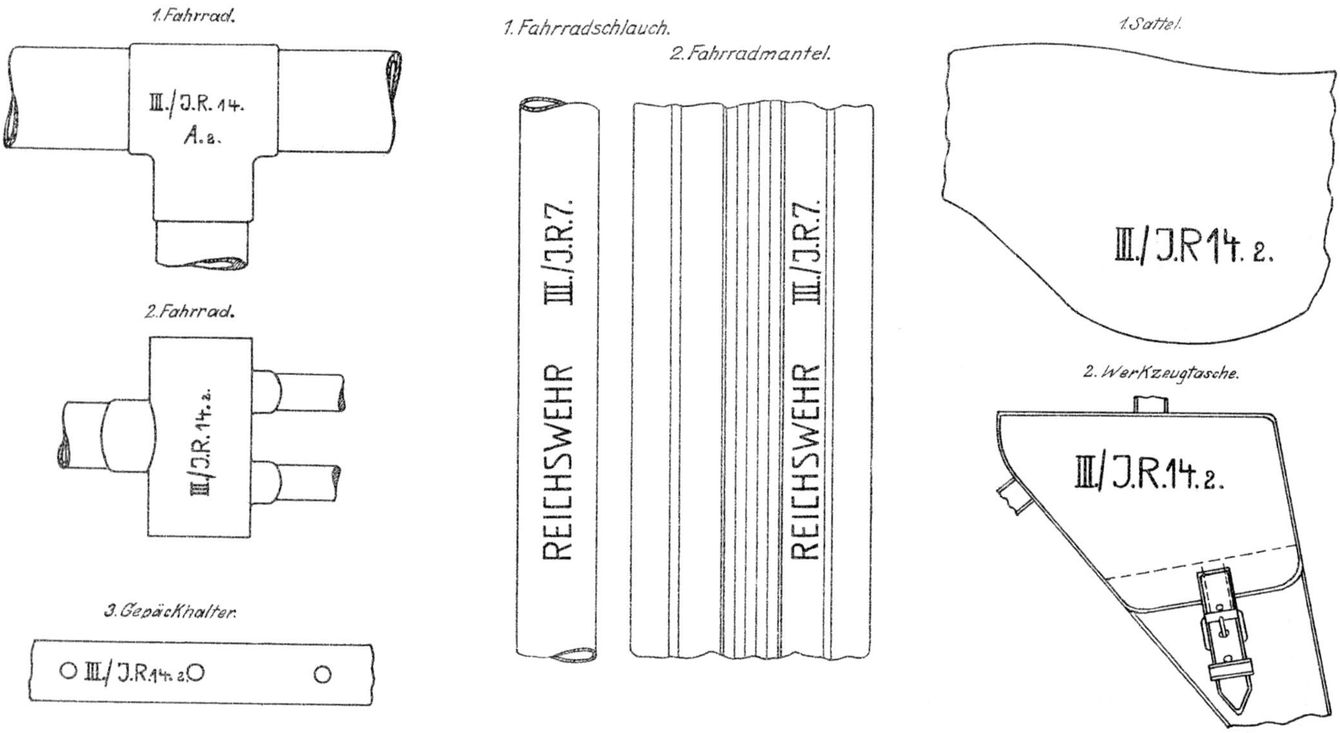

Quelle: H.Dv. 464 Vorschrift über die Stempelung und die Bezeichnung von Waffen und Gerät bei der Truppe. Teil 1: Infanteriewaffen und Infanteriewaffengerät. 1924. S. 12 f. und S. 37

Für den Einzelnachweis der Fahrräder dient das Fertigungs- (Firmen-) Zeichen am Führungsrohr und die Fertigungsnummer am Sitzrohr des Rahmens. ...
Die Gebrauchsfahrräder sind äußerlich dadurch zu kennzeichnen, daß sie am Oberrohr und Unterrohr mit einem 150 mm breiten, bis an die Muffen des Führungsrohres heranreichenden roten Streifen zu versehen sind.

Quelle: H.Dv. 293 »Das Truppenfahrrad« 1935, S. 30 f. und 1942, S. 23 f. (gleichlautend)

Alle Fahrräder mit Firmenangabe (Firmenschild am Steuerkopfrohr), Fertigungsnummer (auf Sitzrohr) und Jahreszahl (am Sitzrohr – gegenüber Fertigungsnummer) versehen. …
Die Abnahme erfolgt an Hand der Fertigungsnummer. Eine besondere Abnahmekennzeichnung erfolgt nicht.

Quelle: H.Dv. 293 »Das Truppenfahrrad« 1935 Anhang: Technische Lieferbedingungen, S. 41 und 42

Alle Fahrräder am Steuerkopfrohr mit Firmenangabe und Herstellungsort, auf Sitzrohrmuffe mit Fertigungsnummer und gegenüberliegender Jahreszahl versehen. …
Die Abnahme erfolgt an Hand der Fertigungsnummer. Eine besondere Abnahmekennzeichnung erfolgt nicht.

Quelle: H.Dv. 293 »Das Truppenfahrrad« 1942 Anhang: Technische Lieferbedingungen, S. 31 und 32

4. Taktisches Zeichen

Grundzeichen der Waffengattung		
erwähnt in Dienstvorschriften und Ausbildungsunterlagen	bis 1927	ab 1928 (z.B. H.Dv. 272 Taktische Zeichen des Heeres)

5. Kriegsstärkenachweisungen

Kriegsstärkenachweisungen (KStN) sind Vorlagen für die Gliederung sowie die maximal zulässige Ausstattung der Stäbe, Teileinheiten und Einheiten mit Offizieren, Beamten, Unteroffizieren, Mannschaften, Zug-, Trag- oder Reittieren, Waffen und Fahrzeugen. Sie gehörten – zusammen mit den Kriegsausrüstungsnachweisungen

Nur für den Dienstgebrauch

Nr. 165 c

Kriegsstärkenachweisung (Heer)

Seite a
(Seite a – b)

Nr. der Zeile	Stellengruppe	Kriegsetat 44 Maschinengewehrkompanie eines Radfahr-Jägerbataillons und eines Radfahr- Maschinengewehrbataillons (MG-Kp.Radf.Jäg.Btls./ Radf.MG – Btls.)	Kopfzahl				Waffen				Fahrzeuge					
			Offiziere	Beamte	Unteroffiziere	Mannschaften	Gewehre, Karabiner	Pistolen (Masch.Pist.)	s.M.G. (le.M.G.)	besp. (unbesp.) Geschütze und Werfer	besp. (unbesp.) Fahrzeuge (Wasserfahrzg.)	Krad (Krad mit Seitenwg.) [Kettenkrad]	Personenkraftwagen (Lastkraftwagen) [Gleisketten-Lkw.]	Zugkw. (Vollketten-schlepper) [Radschlepper]	gp. Vollketten-Kfz. (gp. Halbkett.Kfz.) [gp. Räderkfz.]	Fahrräder (Anhänger) [Eisenbahnfahrzeuge]
		Hauptspalte	a	b	c	d	e	f	g	h	i	k	l	m	n	q
1		a) Gruppe Führer														
2	K	Kompanieführer	1	.	.	.	.	(1)	.	.	.	.	.	.	.	.
3		Kompanietrupp														
4	O	Hauptfeldwebel	.	.	1	.	.	(1)	.	.	.	.	.	.	.	1
5	G	Kompanietruppführer (zugl. Beob.Uffz.)	.	.	1	.	.	(1)	.	.	.	.	.	.	.	.
6	G	Rechnungsführer	.	.	1	.	1	.	.	.	.	.	.	.	.	1
7	G	Sanitätsunteroffizier	.	.	1	.	.	1	.	.	.	.	.	.	.	1
8	M	Melder	.	.	.	3	.	(3)	.	.	.	.	.	.	.	3
9	M	Kradmelder (le Krad 350 ccm)	.	.	.	1	.	(1)	.	.	.	1	.	.	.	.
10	M	Entfernungsmesser	.	.	.	1	.	1	.	.	.	.	.	.	.	1
11	M	Funker für 6 Kleinfunksprecher d	.	.	.	6	6	.	.	.	.	.	.	.	.	6
12	M	Fahrradschlosser	.	.	.	1	1	.	.	.	.	.	.	.	.	1
13	M	Kraftwagenfahrer für Pkw	.	.	.	1	1	.	.	.	.	.	.	.	.	.
14		leichter Personenkraftwagen, gl (4sitzig)	.	.	.	.	.	.	.	.	.	.	1	.	.	.
15		2 leichte Feldkabeltrupps 6														
16	G	Fernsprecher, Truppführer	.	.	1	.	.	(1)	.	.	.	.	.	.	.	1
17	M	Fernsprecher (1 zugl.Tr.Führ.)	.	.	.	7	6	(1)	.	.	.	.	.	.	.	7
18		Summe zu a) Gruppe Führer	1	.	5	20	15	2 (9)	.	.	.	1	1	.	.	22
19		b) 1.(s MG) Zug														
20	Z	Zugführer	1	.	.	.	.	(1)	.	.	.	.	.	.	.	1
21		Zugtrupp														
22	M	Melder	.	.	.	1	.	(1)	.	.	.	.	.	.	.	1
23	M	Waffenmeistergehilfe(zugl.Fahrradschlosser)	.	.	.	1	1	.	.	.	.	.	.	.	.	1
[illegible]	M	Krankenträger	.	.	.	1	.	1	.	.	.	.	.	.	.	1
25		4 s MG														
26	G	Gruppenführer	.	.	2	.	.	(2)	.	.	.	.	.	.	.	2
27	G	Gewehrführer	.	.	4	.	.	(4)	.	.	.	.	.	.	.	4
28	M	MG-Schützen	.	.	.	16	8	8	.	.	.	.	.	.	.	16
29		schwere Maschinengewehre	.	.	.	.	.	.	4	.	.	.	.	.	.	.
30		Summe zu b) 1.(s MG) Zug	1	.	6	19	9	9 (8)	4	.	.	.	.	.	.	26
31		c) 2.(s MG) Zug wie 1. (jedoch Zugführer St.Gr. "O")	.	.	7	19	9	9 (8)	4	.	.	.	.	.	.	26
32		d) 3.(s MG) Zug wie 2.	.	.	7	19	9	9 (8)	4	.	.	.	.	.	.	26
33		e) 4.(Panz.Zerst.) Zug														
34	O	Zugführer	.	.	1	.	.	(1)	.	.	.	.	.	.	.	1
35		Zugtrupp														
36	G	Zugtruppführer	.	.	1	.	.	(1)	.	.	.	.	.	.	.	1
37		Übertrag zu e) 4.(Panz.Zerst.) Zug	.	.	2	.	.	(2)	.	.	.	.	.	.	.	2

hvv 5 a. 844

Datum: 1.11.1944

(KAN), die die gesamte materielle Ausstattung regelten – zu den Grundlagen der Kriegsgliederung des Feld- und des Ersatzheeres und wurden regelmäßig den veränderten Kriegsbedingungen angepasst.
Die folgende Übersicht zeigt in einer Auswahl Einheiten und Teileinheiten, die im Vergleich zu ihrer personellen Gesamtstärke über sehr viele Fahrräder verfügten. Reserve-Fahrräder sind nicht mit aufgeführt.

Nr. 165 c Nur für den Dienstgebrauch

Seite b

Kriegsstärkenachweisung (Heer)

Nr. der Zeile	Stellengruppe	noch: MG-Kp.Radf.Jäg.Btls./ Radf.MG- Btls.	Kopfzahl: Offiziere	Kopfzahl: Beamte	Kopfzahl: Unteroffiziere	Kopfzahl: Mannschaften	Waffen: Gewehre, Karabiner	Waffen: Pistolen (Masch.Pist.)	Waffen: s.M.G. (le.M.G.)	Waffen: besp. (unbesp.) Geschütze und Werfer	Fahrzeuge: besp. (unbesp.) Fahrzeuge (Wasserfahrzg.)	Fahrzeuge: Krad (Krad mit Seitenwg.) (Kettenkrad)	Fahrzeuge: Personenkraftwagen (Lastkraftwagen) (Gleisketten-Lkw.)	Fahrzeuge: Zugkw. (Vollketten-schlepper) (Radschlepper)	Fahrzeuge: gp. Vollketten-Kfz. (gp. Halbkett.Kfz.) (gp. Räderkfz.)	Fahrzeuge: Fahrräder (Anhänger) (Eisenbahnfahrzeuge)
		Hauptspalte	a	b	c	d	e	f	g	h	i	k	l	m	n	o
1		Übertrag zu e) 4.(Panz.Zerst.) Zug	.	.	2	.	.	(2)	.	.	.	.	.	.	.	2
2	M	Melder	.	.	.	1	.	(1)	.	.	.	.	.	.	.	1
3	M	MG-Schützen	.	.	.	2	1	1	.	.	.	.	.	.	.	2
4	M	Waffenmeistergehilfe(zugl.Fahrradschlosser)	.	.	.	1	1	.	.	.	.	.	.	.	.	1
5		leichtes Maschinengewehr	.	.	.	.	.	.	(1)	.	.	.	.	.	.	.
6		3 Gruppen														
7	G	Gruppenführer	.	.	3	.	.	(3)	.	.	.	.	.	.	.	3
8		Schützen für R-Panzerbüchsen	.	.	.	18	.	18	.	.	.	.	.	.	.	18
9	M	Munitionsschützen (mit Rückentrage 42 und Aufsatzgestell)	.	.	.	18	18	.	.	.	.	.	.	.	.	18
10		8,8 cm R-Panzerbüchse 54 (Panzerschreck)	.	.	.	.	(18)	.	.	.	.	.	.	.	.	.
11		Summe zu e) 4.(Panz.Zerst.) Zug	.	.	5	40	20 (18)	19 (6)	(1)	.	.	.	.	.	.	45
12		f) Munitions -, Gerät- und Gepäckstaffel														
13	O	Waffenunteroffizier(Wffm),Führer) zugl.2. Kw-Fahr. für Lkw	.	.	1	.	.	(1)	.	.	.	.	.	.	.	.
14	G	Gerätunteroffizier)	.	.	1	.	1	.	.	.	.	.	.	.	.	.
15	M	Kraftwagenfahrer für Lkw	.	.	.	2	2	.	.	.	.	.	.	.	.	.
16		Lastkraftwagen 3 t, offen, für Munition, Gerät und Gepäck	.	.	.	.	.	.	.	.	.	.	(2)	.	.	.
17		Summe zu f) Munitions-, Gerät - und Gepäckstaffel	.	.	2	2	3	(1)	.	.	.	.	(2)	.	.	.
18		Zusammenstellung														
19		a) Gruppe Führer	1	.	5	20	15	2 (9)	.	.	.	1	1	.	.	22
20		b) 1.(s MG) Zug	1	.	6	19	9	9 (8)	4	.	.	.	.	.	.	26
21		c) 2.(s MG) Zug	.	.	7	19	9	9 (8)	4	.	.	.	.	.	.	26
22		d) 3.(s MG) Zug	.	.	7	19	9	9 (8)	4	.	.	.	.	.	.	26
23		e) 4.(Panz.Zerst.) Zug	.	.	5	40	20 (18)	19 (6)	(1)	.	.	.	.	.	.	45
24		f) Munitions-,Gerät- und Gepäckstaffel	.	.	2	2	3	(1)	.	.	.	.	(2)	.	.	.
25		Gesamtstärke MG-Kp.Radf.Jäg.Btls./ Radf. MG - Btls.	2	.	32	119	65 (18)	48 (40)	12 (1)	.	.	1	1 (2)	.	.	145
		( ) in Spalte e = R-Panzerbüchsen 54														

Außerdem:

15 Fahrräder als Reserve.

Anmerkungen:

1. 6 Köpfe sind als Hi.Kr.Trg. zu bestimmen.
2. Von den "G" Stellen sind 3 Oberfeldwebel- und 5 Feldwebelstellen.
3. Die Einheit bildet einen Gasspürtrupp, bestehend aus 1 Führer und 3 Mann und einen Truppenentgiftungstrupp,bestehend aus 1 Führer und 6 Mann(darunter,soweit vorhanden, 1 Sanitätsdienstgrad oder Krankenträger). Siehe H Dv 395/1 Anlage 11.
4. Ein Unteroffizier ist als Gasschutzunteroffizier einzuteilen.

hvv 5 b. 844 Datum: 1.11.1944

KStN-Nummer	Einheit	eingeführt	Personal	Fahrräder
Radfahr-Einheiten				
307	Stab einer Radfahrabteilung (tmot)	01.12.1943	132	0
307 (Kos)	Stab einer Kosaken-Radfahrabteilung (tmot) (Behelf)	19.07.1943	81	0
331 a	Aufklärungsschwadron	01.12.1943	167	132
353 *	Radfahrschwadron einer Aufklärungsabteilung	01.09.1939 01.02.1941	180	138
353 (LL)	Radfahrschwadron (LL)	01.02.1941	198	140
354 *	Radfahrschwadron einer Radfahrabteilung	01.10.1938 01.02.1941		
355 *	Radfahrschwadron a	01.02.1941		
356 **	Radfahrschwadron	01.11.1941		
356 a	Radfahr-Aufklärungsschwadron	01.08.1943	232	191
356 F	Radfahrschwadron (bodenständig)	22.09.1942	212	172
356 (Kos)	Kosaken-Radfahrschwadron (Behelf)	19.07.1943	193	166
357 *	Radfahrschwadron c	01.02.1941		
* 1.11.1941 ersetzt durch KStN Nr. 356 ** 21.07.1944 gestrichen				
Fahrradbewegliche Einheiten anderer Waffengattungen				
Kommandobehörden, Höhere Stäbe				
53 (G)	Grenzwacht-Kompanie	01.02.1941	179	30
63	Stabskompanie eines Infanterie-Sicherungs-Regimentes	09.11.1943	166	40
Infanterie				
63	Stabskompanie eines Infanterie-Sicherungs-Regimentes	09.11.1943	166	40
101 V	Stab und Stabskompanie eines Grenadierregiments	01.09.1944	207	40
111 c	Stab eines Füsilierbataillons (auf Fahrrädern)	01.10.1944	84	40
111 c V	Stab und Versorgungszug eines Grenadierbataillons (auf Fahrrädern)	01.09.1944	104	49
121 c	Stab und Versorgungszug eines Radfahr-Jägerbataillons und eines Radfahr-MG-Bataillons	01.11.1944	70	31
131 c	Füsilierkompanie (auf Fahrrädern) (Kriegsetat 44)	01.10.1944	156	126
131 c V	Grenadierkompanie (auf Fahrrädern)	01.11.1944	128	151
132 c	Ski-Füsilierkompanie eines Ski-Füsilierbataillons	01.01.1945	141	132
133 b	Sicherungskompanie b (auf Fahrrädern) Radfahr-Sicherungskompanie	01.12.1939 01.11.1941	200	172
134 c	Jägerkompanie eines Radfahr-Jägerbataillons	01.11.1944	166	159
149 n	Schützenkompanie (neue Art) (auf Fahrrädern)	01.10.1943	141	119
149 Sp	Schützenkompanie (auf Fahrrädern) (Sp. Div.) (Behelf)	08.07.1944		
149 V	Füsilierkompanie (auf Fahrrädern)	01.09.1944	198	166
151 c	Maschinengewehrkompanie	01.02.1941	202	6
151 c	Schwere Kompanie eines Füsilierbataillons (auf Fahrrädern)	01.10.1944	218	117
151 c V	Schwere Kompanie eines Grenadierbataillons (auf Fahrrädern)	01.09.1944	211	161
165 c	MG-Kompanie eines Radfahr-Jägerbataillons und eines Radfahr-MG-Bataillons	01.11.1944	153	145

170 c	Schwere Kompanie eines Radfahr-Jägerbataillons und eines Radfahr-MG-Bataillons	01.11.1944	145	134
183	Infanterie-Radfahrerzug	01.02.1941	35	35
188 a	Führer einer Infanteriepanzerjägerkompanie (t mot)	01.12.1941	45	12
188 a n	Führer einer Infanteriepanzerjägerkompanie (t mot) (n.A.)	01.12.1943	38	6
271	Stab und Stabskompanie eines Festungsbataillons a	01.09.1944	165	49
276	Kompanie eines Versuchsbataillons	01.02.1941	228	16
276	Schützenkompanie (auf Fahrrädern) eines Festungs-Infanterie-bataillons	01.08.1944	164	164
279	Schwere Kompanie eines Festungs-MG-Bataillons	01.08.1944	157	30
284	Stabskompanie eines Infanterie-Sicherungs-Regimentes	11.01.1943 01.05.1944	176 172	40 39
286 a	Infanterie-Sicherungskompanie	01.11.1943	163	42
Artillerie				
ohne	Radfahrschwadron einer Artillerie-Abteilung (mot)	01.03.1945		
553 (LL)	Nachrichtenzug einer leichten Artillerieabteilung (LL)	01.02.1941	47	16
Pioniere				
701 b	Stab einer Pionierbrigade (auf Fahrrädern)	01.11.1944		
702 c	Stabsbatterie eines Pionierbataillons (Pionierbrigade) (auf Fahrrädern)	01.11.1944		
723	Pionierkompanie (auf Fahrrädern)	01.02.1941 01.04.1944	187 183	146 136
723 n	Pionierkompanie (neue Art) (auf Fahrrädern)	01.04.1944	179	146
723 Sp	Pionierkompanie (Sp.) (auf Fahrrädern)	08.07.1944		
777	Pionierlager	01.04.1944	30	10
Nachrichtentruppen				
887	Festungskabelschaltzug	01.12.1942	68	29
897	feste Brieftaubenstelle	01.02.1941	6	2
993	Feldhundestaffel	01.12.1942	43	30
Panzertruppen				
1105	Stab eines Heeres-Panzer-Jagdverbandes (fahrradbeweglich) (Behelf)	20.04.1945	64	18
1114 b	Panzergrenadierkompanie (fahrradbeweglich) (freie Gliederung)	01.11.1944	140	133
1115 b	schwere Panzergrenadierkompanie (s MG (fahrradbeweglich) und 2 cm Fla (Sf)) (freie Gliederung)	01.11.1944	155	92
1148	Heeres-Panzer-Jagdkompanie (fahrradbeweglich)	20.04.1945	91	85
1169 c	Stoßtrupp des Eisenbahn-Panzerzuges 3	23.02.1942	12	12
1169 m	Infanteriezug des Eisenbahn-Panzerzuges 22	01.02.1944	27	12
1169 w	Pioniergruppe des Eisenbahn-Panzerzuges 51	25.05.1942	11	11
1169 x	1. Zug (zugleich für Stoßtrupp) eines Eisenbahn-Panzerzuges	01.02.1943	51	14
1169 x	Panzergrenadierzug eines Panzerzuges	01.08.1944	48	12
Nachschubtruppen				
1233 n	Nachschubkompanie	01.04.1944	117	55
1241	leichte bespannte Kolonne		115	30

1253 n	Nachschubkompanie	01.04.1944	119	55
1257	Nachschubzug (auf Fahrrädern)	01.11.1943	58	54
1258	Nachschubzug (Kriegsetat 44)	01.08.1944	52	50
Verwaltungstruppen				
1272	Bäckereikompanie T	01.02.1941	214	119
Sanitätstruppen				
1309 a	Sanitätskompanie b (Infanteriedivision 44)	01.04.1944	187	32
1309 n	Sanitätskompanie b (n.A.)	01.10.1943 01.04.1944	183 187	46 32
1309 (LL)	Sanitätskompanie b (LL)	01.02.1941	172	43
1314	Sanitätskompanie b (mot)	01.07.1944	219	45
1314 a	Sanitätskompanie b (mot) (Division 44)	01.04.1944	205	45
1314 (LL)	Sanitätskompanie b (mot) (LL)	01.02.1941	168	12
1378	Truppenentgiftungszug	01.08.1943	53	45
1379 a	4. (Entgiftungs- und Entseuchungs-) Zug einer Sanitätskompanie	15.02.1944	52	29
Sondereinheiten				
2033	Feldgendarmerietrupp c (t mot)	01.11.1943	33	18
2301	Stab eines Marschbataillon (Infanterie- u. Panzertruppen)	01.05.1944	11	11
Ersatzheer (Ausbildungs- und Ersatzeinheiten)				
6109	Stab einer Radfahr-Ersatzabteilung	01.07.1942	88	2
6109 (Kos)	Stab einer Kosaken-Radfahr-Ausbildungsabteilung	01.11.1943	45	3
6131	Radfahr-Ersatzschwadron	01.04.1941	235	178
6131 (Kos)	Kosaken-Radfahr-Ausbildungsschwadron	01.11.1943	187	163
6140 (Kos)	Kosaken-Maschinengewehr-Ausbildungsschwadron (auf Fahrrädern)	01.11.1943	146	101
6150 (Kos)	schwere Kosaken-Ausbildungsschwadron (auf Fahrrädern)	01.11.1943	219	85
6160 (Kos)	Kosaken-Offizier- und Unteroffizier-Inspektion	01.11.1943	403	127
6569	leichte Panzerarmee-Aufklärungskompanie	01.03.1944	220	25
6667	Gebirgs-Sanitäts-Ersatzkompanie	01.04.1941	202	23
6674	Sanitätsersatzkompanie	01.04.1941	196	25
6681	Heimatpferdelazarett für 1000 kranke Pferde	01.05.1943	560	29
Schulen				
8078	Schwere Kompanie einer Heeresunteroffizierschule für Infanterie	01.08.1944	65	23
8106	Reit- und Radfahr-Ausbildungsschwadron / Schule Schnelle Truppen Krampitz (Behelf)	28.04.1941		
ohne Nr.	Heeres-Lehrgänge an der Flakartillerieschule I, Rerik	01.08.1944	47	52
9110	Heeresfeuerwerkerschule I, Lehrabteilung	01.06.1942	1198	300
9119 a	Heeresfeuerwerkerschule II, Lehrabteilung	01.10.1941 01.05.1955	899 555	220 240
Heimat- (Wehrwirtschafts-) Dienststellen				
11300	Heeres-Abnahme-Dienststelle (gesamtes Reich und Auslands-Dienststellen)	01.04.1941	15950	600
Luftwaffe				
8136	Radfahrerzug (Sp) eines Fallschirmjäger-Regimentes	01.05.1944	40	40

2. Zulieferer

Barthel, Lang & Co., Laternenfabrik; Chemnitz	nbx	Beleuchtung (BALACO)
Bauermann & Söhne; Hilden/Rhein	hbx	Sattelstützen, Lenkstangen, Rahmen-rohre
»Berko«-Werke, Quast & Eichert; Berlin	hqg	Beleuchtung
Berlin-Suhler Waffen- und Fahrzeugwerke; Weimar	s	Freilaufnabe (ASTORIA)
Bosch, Robert, GmbH; Stuttgart	bjp lzu	Beleuchtung
Brüninghaus & Co., Präzision-Werke; Bielefeld	bga	Freilaufnaben (DUREX), Tretkurbellager
»Continental« Gummiwerke AG; Hannover (N)	jnk	Reifen
Daimon Fabrik elektro-technischer Apparate GmbH; Danzig [Gdansk, Polen]	hrh	Beleuchtung
Deutsche Kabelwerke AG; Berlin	aqe	Reifen (DEKA)
Dietz, Max; Schneeberg-Neustädtel/Erzgebirge	omb	Griffe
Enders, August, AG; Oberrahmede	ash	Beleuchtung
Fichtel & Sachs; Schweinfurt	aso	Naben
Flicker & Co, Fahrradbestandteilefabrik; Gütersloh	duu	Tretkurbellager
Franke, Gebr.; Mühlhausen	ewg	Sattel (DRILASTIC)
Fuchs & Comp., »FKZ«-Werke, Fahrrad- und Fahrradteile-Fabrik; Zuckmantel/Sudetengau [Zlaté Hory, Tschechische Republik R]	fxs	Freilaufnaben u.a.
Häckel Gebr.; Chemnitz	nyf	Beleuchtung
Hemming, Edmund, Fabrik für Fahrrad-, Motorrad- und Automo-bilteile; Benshausen	cwd	Naben, Schrauben
Hengstler Gebr. Schraubenfabrik; Aldingen	bjo	Fahrradketten
Jopp, Andreas; Zella-Mehlis	713	Klingeln
Kochs Adler Nähmaschinen Werke AG; Bielefeld	bhy	verschiedene Zubehörteile
Laternenfabrik Barthel Lang & Co, Beleuchtungskörper- und Metallwarenfabrik; Chemnitz	lys	Beleuchtung (BALACO)
Lemmerz-Werk GmbH, Fahrzeug-Räder-Fabrik; Königswinther/Rhein	eqc	Reifen
Lepperwerke; Bielefeld	gnl	Sattel, geschweißte Stahlrohre
Lohmann-Werke AG, Fahrrad- und Motorensättel-Fabrik; Bielefeld	ddf	Werkzeugtasche
Markes & Co. KG, Metallwarenfabrik und Apparatebau; Lüdenscheid	179 hqu	Kugellager
Mayweg, Friedr. Wilhelm KG, Schraubenfabrik; Altena	nme	Gepäckträger Schrauben
Metall- und Presswerk Gablonz, vorm. Morichetto & Feder; Gablonz [Jablonec, Tschechische Republik]	btr	Tretstücke
Metallwerk Alfred Schwarz AG; Werk Eisenach *(1937 von Union (Fröndenberg) übernommen)*	hbg	Beleuchtung (MELAS)
Metallwaren-, Glocken- und Fahrradarmaturen-Fabrik AG vorm. H. Wissner; Werk I Zella-Mehlis	eel	Tretlager, Bremsen, Klingeln u.a.
Metallwaren-, Glocken- und Fahrradarmaturen-Fabrik AG vorm. H. Wissner; Werk IV Brotterode	edt	Tretlager, Bremsen, Klingeln u.a.
»Nirona«-Werke, Nier & Ehmer, Auto- u. Fahrrad-Zubehör; Beierfeld/Erzgebirge	801 gnx	Beleuchtung (FEUERHAND und NIRO-NA)

Pallas-Werke, Reum & Börner Sachs; Barchfeld	jjn	verschiedene Zubehörteile, u.a. Ketten und Gepäckträger (PALLAS)
»Pertrix«-Werke GmbH; Straßburg [Strasbourg, Frankreich]	kwv	Beleuchtung
»Rama«-Werke, Rudolf Danhardt, Metall- und Eisenwarenfabrik; Schwandorf-Klardorf	eun	Rahmen
Reich, Karl, Fahrradteilefabrik; Zella-Mehlis	gmh	verschiedene Zubehörteile
Riemann, Hermann, Fahrrad- und Kraftfahrzeugbeleuchtungen; Chemnitz	cqk	Beleuchtung
Rogerit, Kunststoffwarenfabrik; Lichtenberg (Erzgeb.)		Abblendkappen
Semperit Gummiwerke AG; Werk Engerau [Österreich]	cvn	Reifen
Semperit Gummiwerke AG; Werk Traiskirchen [Österreich]	nto	Reifen
Schlesinger, Peter, Metallwarenfabrik; Offenbach/Main	796 ftd	Beleuchtung (RADSONNE)
Schumacher & Co.; Dortmund	nft	Rahmen
Stahlwerk Kabel C. Pouplier jr.; Hagen-Kabel	jcq	Tretlager
Thüringer Schlauchweberei und Gummiwerk; Waltershausen	mwd	Reifen (TSG)
Thun, Alfred; Gevelsberg (Altenvoerde)	719	Steuersätze
Union-Gesellschaft für Metallindustrie, Sils van de Loo & Co.; Werk Fröndenberg / Ruhr	awl	Tretstücke mit Tretstrahler (TOLO)
Veith Gummiwerke AG; Frankfurt/M.	mwe	Reifen
Velamos-Werke, Heinz & Co., Fahrräder und Fahrradteile; Zöptau (Sudeten) [Sobotín, Tschechische Republik]	dbr	Hinterradnaben
Wagner & Keller Metallwaren (Ludwigsburg)	bzk	Behälter für Gurtkästen oder Stielhand-granaten
Weihrauch, Hermann, Gewehr- und Fahrradteilefabrik; Zella-Mehlis	eea	Tretkurbellager
Paul Weiss Laufwerke Nürnberg	dxg	Abwurfkörbe für Klappfahrräder
Westfälische Metall-Industrie Aktiengesellschaft (WMI AG); Lippstadt	316 dom	Beleuchtung (HELLA)
Widmann & Söhne, Elektro- und Radiofabrik; Schwenningen-Neckar	kyl	Beleuchtung (WIGO, SIGNAL)
Winklhofer & Söhne, Joh., Fahrradkettenfabrik; München	eay	Ketten, Sattel (TroPar)
Wippermann jun. AG, Autobestandteilefabrik; Hagen-Delstern	cdt	Tretkurbellager, Tretstücke mit Tret-strahler (TOLO)
Wittkop & Co., Metall- und Lederwaren-Fabrik; Bielefeld	ffk	Sattel, Werkzeugtaschen

7. Quellen, Literatur

Dienstvorschriften, Ausbildungsunterlagen, Archivalien

Vorschrift für Instandsetzung und Benutzung der Armee-Fahrräder. (Fahrrad-Vorschrift.). Berlin: Mittler, 1895

D.V.E. No. 267. Felddienst-Ordnung vom 22. März 1908

D.V.E. No. 293. Fahrradvorschrift (Fa. V.) vom 16. Juli 1906. Entwurf

D.V.E. No. 452. Ausrüstungsnachweisung für einen l.M.G.-Trupp einer Radfahrkompagnie zu 3 M.G. 08/18 auf Fahrrädern (mit Sondergerät). Vom 15. März 1918

D 127/1 und /2. Anleitung für die Bedienung und Verwendung des M.G. 34.
Teil 1: als l.M.G. Vom 11. Oktober 1936
Teil 2: als s.M.G. Vom 11. Januar 1937

H.Dv. 103. Die Ausbildung am l.Gr.W. 36 (5 cm) vom 25.1.1939

H.Dv. 130. Ausbildungsvorschrift für die Infanterie
Heft V: Das Infanteriebataillon. Das Infanterieregiment. 1922
Heft 9 d: Vorentwurf. Führung und Kampf des Radfahr-Bataillons. Vom 1.1.1945 (Bundesarchiv, Signatur RH 11-I-22)

H.Dv. 292. Inhaltsverzeichnis zum Waffenmeisterkasten I, Waffenmeisterkasten II und Gehilfenkasten für Fahrräder. Berlin 1930

H.Dv. 293. Das Truppenfahrrad (Tr.Fa.) vom 13.12.1935 und vom 26.5.1942

H.Dv. 299. Ausbildungsvorschrift für die Kavallerie
Heft 3: Die Radfahrschwadron. Vom 7.9.1937

H.Dv. 299. Ausbildungsvorschrift für die Schnellen Truppen
Heft 1c Richtlinien für die Ausbildung der Einheiten einer Radfahr-Ersatzabteilung. Vom 24.2.1942

H.Dv. 398 H. Preisverzeichnis für das Fahrradgerät (P. Fahrr.) vom 7. Juni 1924

H.Dv. 464. Vorschrift über die Stempelung und die Bezeichnung von Waffen und Gerät bei der Truppe. Vorbemerkungen und Teil 1: Infanteriewaffen und Infanteriewaffengerät. Berlin 1923 und 1924

H.Dv. 487. Führung und Gefecht der verbundenen Waffen. 2 Teile. Vom 1.9.1921 und 20.6.1923

D.(Luft) T. 8209. Fahrrad-Anhänger, abwerfbar. Geräte-Handbuch. Stand Juli 1942

Merkblatt zum Einlegen in die H.Dv. 130/8. Der Infanterie-Radfahrerzug, Vom 9. April 1940

Merkblatt zum Einlegen in die H.Dv. 299/3. Die Radfahrerschwadron, Vom 15. Mai 1940

Merkblatt 25/10: Ausbildung der Schützenkompanie auf Fahrrädern vom 16.3.1941 (Bundesarchiv, Signatur RH 11-I-77)

Merkblatt 25/11: Behelfsmäßiges Schleppen von Radfahrern mit Kraftfahrzeugen vom 15.9.1943

Merkblatt 28a/10: Vorläufige Richtlinien für die Führung und den Kampf der Radfahr-Abteilung. Entwurf vom 1.9.1942

Merkblatt 28/15 a: Anleitung zur kurzfristigen Ausbildung der schnellen Truppen im Feldheer, Heft 5: Radfahrabteilung vom 19.19.1942

Merkblatt 77/9: Einsatz und Verwendung von fahrradbeweglichen Panzerjagdverbänden. Vom 30.1.1945

Vorschrift Nr. 40 für die staatliche Polizei Preußens, Ausrüstung der Polizei und Landjägerei mit Waffen, Munition, waffentechnischem Gerät, Fahrrädern und Waffeninstandsetzungswerkstätten, Berlin 1930

Das Behördenfahrrad M/30. In: Fischer, Karl: Waffentechnischer Leitfaden für die Ordnungspolizei, Berlin 1940 und 1941

Cochenhausen, Friedrich von: Taktisches Handbuch für den Truppenführer und seine Gehilfen. Berlin 1936

Lehnert's Handbuch für den Truppenführer, 29. neu bearb. Auflage, Berlin 1907 (dass. 1909, 1917 und 1919)

Liste der Fertigungskennzeichen für Waffen, Munition und Gerät. Hrg. vom Oberkommando des Heeres, Berlin 1944. Nachdruck Nürnberg 1977

Freiesleben, Werner: Adjutantenfibel, Berlin 1935

Beuttel, Walter: Nachrichtenfibel (Fernsprech-, Blink- und Signaldienst) nebst (Meldehund und Brieftaubendienst). 7. verbesserte Auflage. Berlin [1936]

Fürstenberg, Fritz: Radfahrfibel. Berlin: »Verlag Offene Worte«, o.J. [1934]

Kriegsstärkenachweisungen (KStN), 1937-1945

Kurze Zusammenstellung über die französische Armee. Hrsg. vom Chef des Generalstabes des Feldheeres, Nachrichtenabteilung, Ausgabe Februar 1917, Mézières-Charleville 1917

Leitfaden für den Unterricht in der Befestigungskehre im Pionierdienst, Verkehrswesen und im Kampf um Festungen auf den Königlichen Kriegsschulen, Berlin 1912

Verzeichnisses über Ersatzteile zum Expreß-Armeerad (starres System) sowie Expreß-Klapprad. o.O. o.J.

Werthmann, Hans / Willecke, Willi: Das Sanitätsgerät des Feldheeres. (Taschenbücher des Truppenarztes Band V), Berlin 1942

Fahrradkonstruktionen und Zubehör zum Militärfahrrad, 1902-1918 (Bundesarchiv, Signatur PH 24/473)

Gewehr 98 für Radfahrer, 1904 (Bundesarchiv, Signatur PH 24/468)

Lieferungs-Offerte auf Fahrräder und deren Zubehör, 1908-1918 (Signatur Bayerisches Hauptstaatsarchiv MKr-1502)

Verzeichnis über Ersatzteile zum Expreß-Armeerad (starres System) sowie Expreß-Armee-Klapprad 1918 (Signatur Bayerisches Hauptstaatsarchiv DV R 2034)

Die 10. Radfahr-Jäger-Brigade, 1944-1945 (Bundesarchiv, Signatur RH 11-I-41)

Zeitschriften, Periodika

Allgemeine Heeresmitteilungen, hrsg. vom Reichswehrministerium (Wehrmachtsamt) bzw. vom Oberkommando des Heeres, Berlin 1934 ff.

Armee-Verordnungs-Blatt, hrsg. vom Kriegs-Ministerium, Berlin 1894 ff.

Heeresverordnungsblatt, hrsg. vom Oberkommando des Heeres, Berlin 1919 ff.

Kriegstechnische Zeitschrift. Für Offiziere aller Waffen. Zugleich Organ für kriegstechnische Erfindungen und Entdeckungen auf allen militärischen Gebieten, Berlin 1895 ff.

Militär-Wochenblatt, Berlin 1896 ff.

Polytechnisches Journal. Stuttgart, 1895 ff.

Radmarkt und Reichsmechaniker. Fachzeitschrift des Reichsverbandes des Mechanikergewerbes e.V., Bielefeld 1933 ff.

Literatur

Axmann, Artur: »Das kann doch nicht das Ende sein«. Hitlers letzter Reichsjugendführer erinnert sich, Beltheim 1995

Balck, William: Radfahrtruppen. Kriegslehren und Friedensausbildung, Berlin 1939

Baranowski, Frank: Rüstungsproduktion in der Mitte Deutschlands 1929-1945, Bad Langensalza 2013

Bartels, Eckhart: Opel Militärfahrzeuge, Wölfersheim-Berstadt, 1994

Baumgartner, Emil: Eine Industrie kämpft um ihre Existenz. Die schweizerische Fahrradindustrie, ihre Entwicklung, ihr Kampf im Weltkrieg 1939/45, Biel 1947

Die berühmteste Radfahrpatrouille des Weltkrieges. Herausgegeben von Fr. Th. Gruss, Berlin 1936

Bleyer, Wolfgang: Der geheime Bericht über die Rüstung des faschistischen Deutschlands vom 27. Januar 1945. In: Jahrbuch für Wirtschaftsgeschichte 1969/II, S. 347-367, Berlin 1969.

Willi A. Boelcke: Deutschlands Rüstung im Zweiten Weltkrieg. Hitlers Konferenzen mit Albert Speer, Frankfurt a.M. 1969

Boguslawski, Albert von: Das Fahrrad im bürgerlichen und im militärischen Leben, Berlin 1900

Bremen, Walter von: Das deutsche Heer nach der Neuordnung von 1913, Bielefeld 1914

Bunke, Siegfried: Militärfahrzeuge der Auto Union AG. Unveröffentlichtes Manuskript, 2007

Michael Buddrus: Totale Erziehung für den totalen Krieg. Hitlerjugend und nationalsozialistische Jugendpolitik, München 2003

Burckart, Julius: Das Rad im Dienste der Wehrkraft, München 1897

Caidin, Martin / Barbree, Jay: Bicycles in War, New York 1974

Daule, Anton: Illustrierte Geschichte der Erfindung des Fahrrades und der Entwicklung des Motorfahrwesens, Dresden 1906

Deutschlands Rüstung im Zweiten Weltkrieg. Hitlers Konferenzen mit Albert Speer 1942-1945, Frankfurt/M. 1969

Dobuschinsky, Alexander: Das Fahrrad im Schatten